JN329219

わかる有機化学シリーズ 2

有機機能化学

齋藤勝裕・大月 穣 著

東京化学同人

イラスト　山田好浩

刊行にあたって

有機化学は膨大な内容と精緻な骨格をもった学問分野であり，その姿は壮大なピラミッドに例えることができる．ピラミッドが無数の石を積み上げてできているように，有機化学もまた数々の知識と理論の積み重ねによってできている．

『わかる有機化学シリーズ』は，このような有機化学の全貌を「有機構造化学」，「有機機能化学」，「有機スペクトル解析」，「有機合成化学」，「有機立体化学」の五つの分野について，それぞれまとめたものである．これらはいずれも有機化学の核となる分野であるので，本シリーズをマスターすれば，ピラミッドのように壮大な有機化学における基礎知識がしっかりと身についているはずだ．

本シリーズの最大の特徴は，簡潔で明確な記述によって，有機化学の本質を的確に解説するように心掛けたことだ．さらに，図とイラストを用いて，“わかりやすく”，そして“楽しく”理解できるように工夫した．

「学問に王道はない」という．しかし，それは学問の道が「茨の道」である，ということとは違う．茨は抜けばよいし，険しい道はなだらかにすればよい．そして，所々に花壇や噴水でもつくったら，学問の道も「楽しい散歩道」になるはずだ．そのような道を用意するのが，本シリーズの役割と心得ている．

本シリーズを通じて，多くの読者の方々に，有機化学の面白みや楽しさをわかっていただきたいと願ってやまない．

最後に，本シリーズの企画にあたり努力を惜しまれなかった東京化学同人の山田豊氏に感謝を捧げる．

2009 年 10 月

齋　藤　勝　裕

ま え が き

本書は「わかる有機化学シリーズ」の一環として，有機分子および分子集合体のもつさまざまな機能についてまとめたものである．これから有機機能化学を学ぼうとする方々に，是非，手元においていただきたい一冊である．

分子は特有の性質と反応性をもつが，これらのうちで，特に有用なものを機能とよんでいる．

有機化学の世界では最近，これまでにはない性質をもつ分子が相次いで合成されている．かつて，有機分子は電気を通さないというのが“常識”であったが，いまでは電気を通すいくつかの有機分子が見いだされている．さらには，超伝導性をもつものまで現れている．このような新規物性の獲得に伴い，有機分子のもつ機能は飛躍的に発展，拡大した．そのため，これらの応用は化学をはじめとして，医薬品の素材や電気・電子分野の材料などさまざまな分野に及んでいる．

以上のような機能の発現には，超分子化学が重要な役割を果たしている．超分子とは複数の分子が分子間に働く相互作用によって集合してできた組織体のことをいい，これらによって生み出される新しい機能について探究する分野を，分子を超えた化学という意味で超分子化学とよぶ．

本書では，有機機能化学の中心となる超分子化学について，代表的な例を取上げて，その全体像が明確になるように，わかりやすく解説した．また，先端的な有機機能材料や実用化をめざして研究開発が進んでいる未来の有機機能素子など，この分野のさらなる可能性についてもふれた．

本書を通じて，一人でも多くの読者の方々に，有機機能化学の面白みを感じていただき，今後のステップとして役立てていただければ幸いである．

なお執筆は 1，2，7 章を齋藤が，それ以外の章を大月が担当した．

最後に，本書刊行にあたりお世話になった東京化学同人の山田豊氏と，楽しいイラストを添えていただいた山田好浩氏に感謝申し上げる．

2009 年 10 月

著　　者

目　次

第Ⅰ部　有機機能化学を学ぶまえに

第Ⅱ部　有機分子の機能

I

有機機能化学を学ぶまえに

1 原子から有機分子へ

有機分子はたった数種類の原子から構成されるが，主要原子である炭素が多彩な結合様式をもつために，無数の有機分子をつくり出すことできる．このような有機分子のもつ性質は多様であり，医薬品の素材や電子・電気分野の材料などとして，さまざまな可能性が期待できる．

さらに，有機分子は分子どうしの相互作用によって集合体を形成することができる．このため，分子集合体によって個々の分子には見られない，新しい機能を生み出すことが可能となる．

分子集合体については，4章以降を参照．

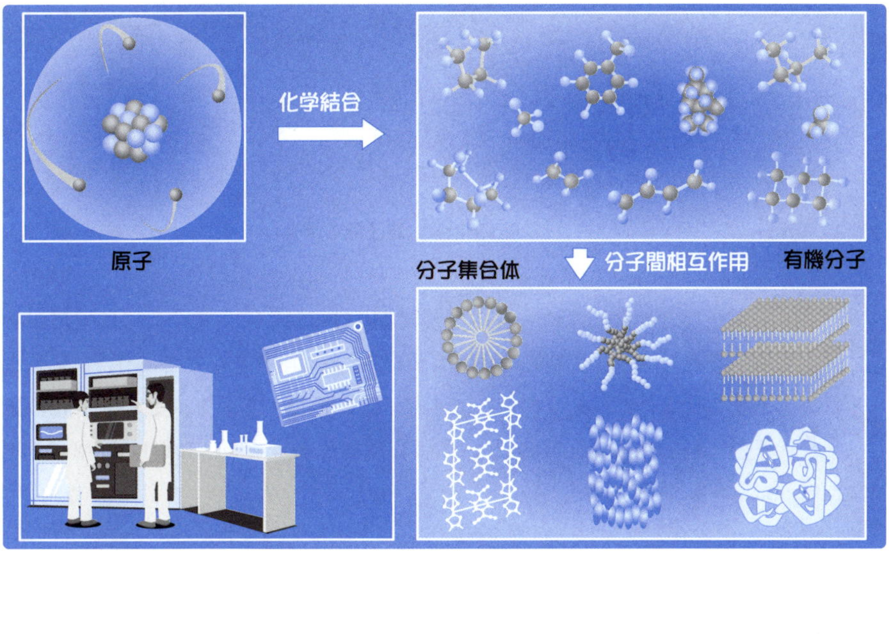

このような有機分子のもつ機能を理解する場合に，その機能が原子・分子・集合体のどのレベルに基づくものかを知ることは重要である．まず，ここでは，その基礎として，原子中の電子状態，有機分子を構成する結合，基本的な有機分子の構造について見てみよう．

1. 原子中の電子状態

原子は原子核とそのまわりを軌道運動する電子から構成されている．ここでは原子中での電子状態について見てみよう．

電子殻

原子中の電子は**電子殻**（electron shell）に存在する．電子殻は球状であり，原子核のまわりに層をなしている（図1・1）．電子殻は原子核に近いものから順にK殻，L殻，M殻などとよばれている．

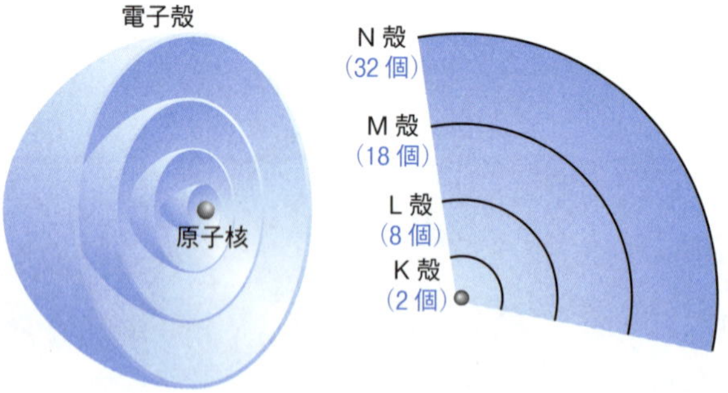

図1・1　**電子殻の構造**

原子や分子の微視的な世界では，エネルギーは不連続であり，基本的な量の整数倍の値だけが許されている．これをエネルギーが量子化されたといい，この不連続なエネルギーを規定する整数のパラメーターを量子数という．他の量子数と区別するために，nを特に主量子数とよぶ．

電子はどの電子殻にも自由に入れるわけではなく，電子殻には定員がある．それはK殻（2個），L殻（8個），M殻（18個）などであり，nを整数とすると$2n^2$個となっている．各電子殻に相当するnを，その電子殻の**量子数**（quantum number）という．ここでK殻は$n=1$，L殻は$n=2$，M殻は$n=3$，…である．

電子殻のエネルギー

電子は運動エネルギーをもち，かつ電子と原子核の間には静電引力が働いている．静電引力の絶対値は電荷間の距離が短いほど大きく，K 殻＞L 殻＞M 殻の順になっている．そして，原子核との距離が無限大，すなわち自由電子でゼロとなる．

図 1・2 は電子殻のエネルギーを示したものである．自由電子のエネルギーをゼロとし，電子殻のエネルギーをマイナスにとる．したがって，絶対値の最も大きい K 殻が最も下に位置し，その上に L 殻，M 殻という具合いに位置する．

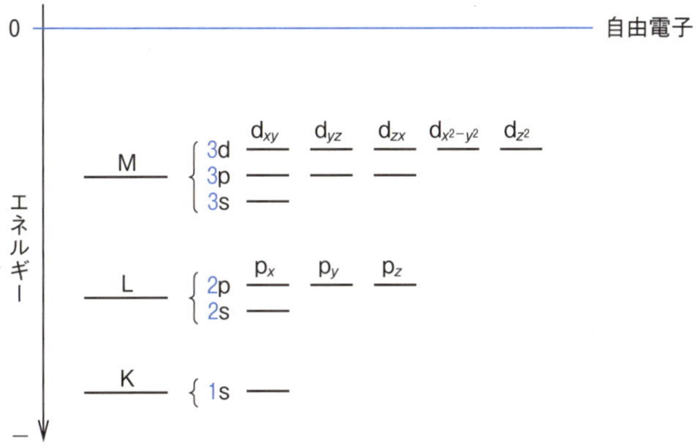

図 1・2　**電子殻のエネルギーと軌道のエネルギーの関係**

このようにすると，電子殻のエネルギーは位置エネルギーと同じように考えることができ，上にあるものは高エネルギーで不安定であり，下にあるものは低エネルギーで安定である．

軌　道

電子殻はさらに**軌道**（orbital）からできている．軌道には，s 軌道，p 軌道，d 軌道などの種類がある．K 殻は一つの s 軌道，L 殻は一つの s 軌道と三つの p 軌道，M 殻は一つの s 軌道，三つの p 軌道，五つの d 軌道からなる．

このとき，どの電子殻に存在するかを区別するために，1s 軌道（K 殻），

2s 軌道（M 殻）などのように，対応する電子殻の量子数をその軌道の前に付けてよぶ．

一つの軌道に最大 2 個の電子が入るので，各電子殻に属する軌道の定員の総数は，先に見た電子殻の定員に一致する．

各軌道はエネルギーをもつが，そのエネルギーは軌道によって異なる．同じ電子殻に属するものならば s ＜ p ＜ d 軌道の順に高くなる（図 1・2）．

軌 道 の 形

これらの軌道は固有の形をしている．図 1・3 に示すように，s 軌道は球形であり，p 軌道は二つの球がくっ付いたような形，d 軌道のほとんどは四つ葉のクローバーのような形をしている．p，d 軌道はどの方向を向くかの違いによって区別されている．

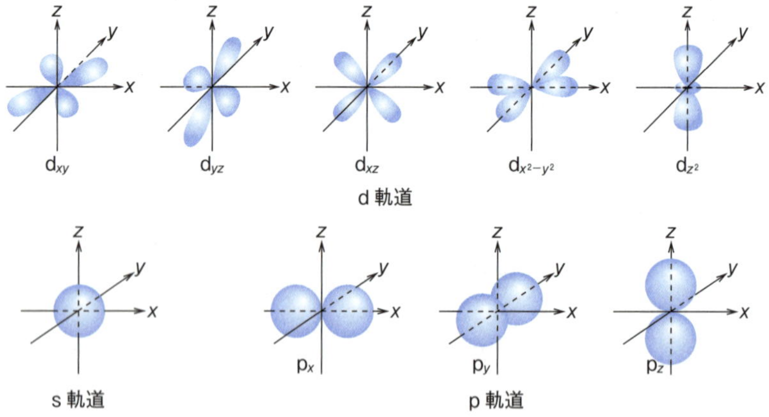

図 1・3　**原子軌道の形**

2. 電 子 配 置

原子の電子配置は分子の電子状態を知るうえで重要である．

電子が軌道にどのように入っているかを表すものを**電子配置**（electron configuration）という．原子の種類によって電子配置は異なり，これが原子の性質の違いとなって現れる．

電子スピン

原子中の電子はスピン（自転）をしている．スピンの向きには二通りあり，その違いは量子数sによって表現される．$s=1/2$のものを上向き矢印↑で，$s=-1/2$のものを下向き矢印↓で示す．

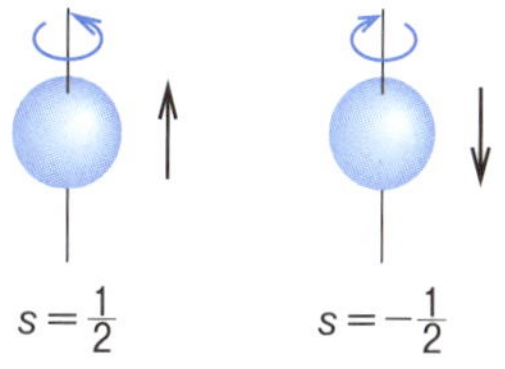

スピンの方向と矢印の向きは関係がない．矢印の向きはスピンの方向が異なることを意味するだけである．

電子配置の約束

電子が軌道に入るには，パウリとフントによって発見された約束がある．それによれば，

① エネルギーの低い軌道から順に入る．

② 一つの軌道に最大2個まで入ることができる．

③ 一つの軌道に2個の電子が入るときには，スピン方向を逆にしなければならない．

④ 軌道エネルギーが同じであるなら，電子どうしの反発を避けるために，電子はまず各軌道に1個ずつ，かつスピン方向を同じにして入る．

電子配置の実際

上の約束に従って，原子の電子配置を見てみよう（図1・4）．

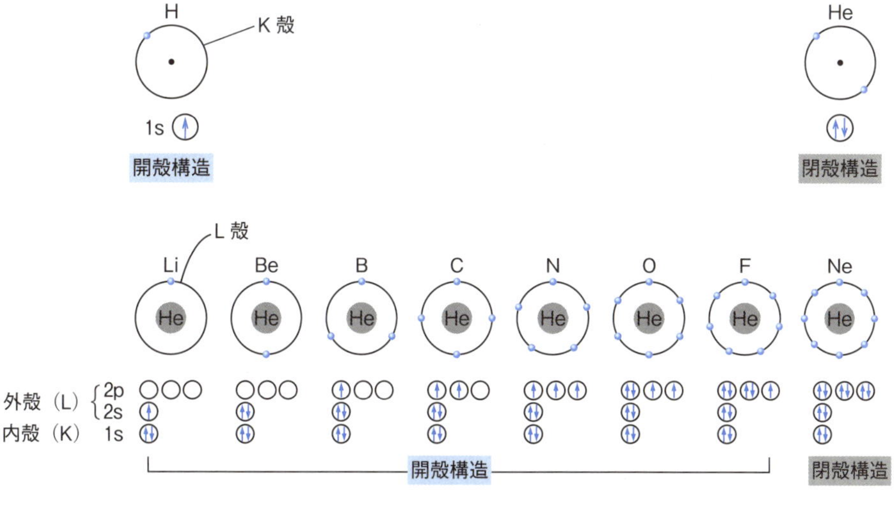

図1・4　おもな原子の電子配置

H：① に従い，1s 軌道に入る．

He：2 番目の電子は，①，②，③ に従って 1s 軌道に入る．

このように一つの軌道に入った 2 個の電子を電子対とよぶ．それに対して H の電子のように，一つの軌道に 1 個だけ入った電子を**不対電子**（unpaired electron）とよぶ．He では K 殻に定員一杯の電子が入っている．このような電子配置を**閉殻構造**（closed shell）といい，特別の安定性をもつ．

不対電子は結合の形成に重要な役割を果たす．

Li：3 番目の電子は 2s 軌道に不対電子として入る．

Be：4 番目の電子は 2s 軌道に電子対をつくって入る．

B：5 番目の電子は 2p 軌道に不対電子として入る．

炭素の電子配置と多重度

炭素には幾通りかの電子配置があり，それらは多重度が異なる（図 1・5）．炭素の 6 番目の電子の入り方には，つぎの 3 通りが考えられる．

C-1：一つの 2p 軌道に電子対をつくって入る．

C-2：別の 2p 軌道に入るが，スピン方向は 5 番目の電子と逆にする．

C-3：別の 2p 軌道にスピン方向を同じにして入る．

これら 3 種の電子配置の軌道エネルギーはすべて等しい．したがってこれらを区別できるのは約束 ④ によってであり，それに従えば C-3 が安定

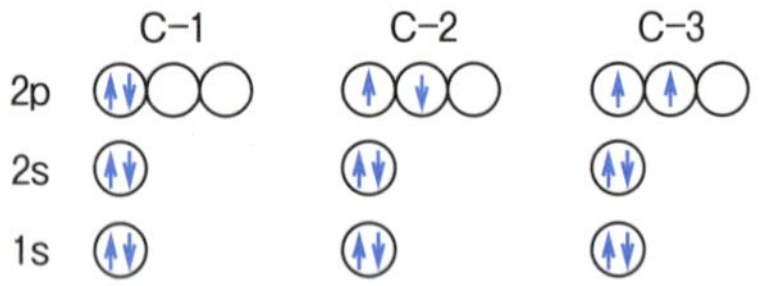

1s　2s　2p

$$\text{C-1}: M = 2 \times \left\{ \left(\frac{1}{2} - \frac{1}{2}\right) + \left(\frac{1}{2} - \frac{1}{2}\right) + \left(\frac{1}{2} - \frac{1}{2}\right) \right\} + 1 = 1$$

$$\text{C-2}: M = 2 \times \left\{ \left(\frac{1}{2} - \frac{1}{2}\right) + \left(\frac{1}{2} - \frac{1}{2}\right) + \left(\frac{1}{2} - \frac{1}{2}\right) \right\} + 1 = 1$$

$$\text{C-3}: M = 2 \times \left\{ \left(\frac{1}{2} - \frac{1}{2}\right) + \left(\frac{1}{2} - \frac{1}{2}\right) + \left(\frac{1}{2} + \frac{1}{2}\right) \right\} + 1 = 3$$

図 1・5　炭素の電子配置と多重度

な炭素の電子配置ということになる.

多 重 度

電子スピンの方向の組合わせは，**多重度**（multiplicity）M で表すことができる．M はつぎの式で定義される．

$$M = 2\ \Sigma s + 1 \qquad (1 \cdot 1)$$

前ページで見たように，s は電子のスピンの方向を表す量子数である．

したがって C-1，C-2 では $M=1$ であり，C-3 では $M=3$ である（図 1・5）．$M=1$ の状態を**一重項**（singlet），$M=3$ を**三重項**（triplet）という．一般に，軌道エネルギーが等しければ，多重度の大きいほうが安定であり，したがってこの場合，三重項状態のほうが一重項状態よりも安定となる．

一重項状態や三重項状態については 3 章を参照のこと．

C-3 のようにエネルギーの低く安定な状態を**基底状態**（ground state），反対にエネルギーの高く不安定な状態を**励起状態**（excited state）という．原子や分子において，必要なエネルギーが供給されれば，励起状態になることができる．そして，励起状態から基底状態に戻るときには，そのエネルギー差を外部に放出する．

このことが発熱や発光の原因となる（3 章参照）．

炭素以降の原子の電子配置

N：7 番目の電子は約束④に従い，3 個目の 2p 軌道にスピンをそろえて（平行にして）入る．したがって窒素の不対電子は 3 個となり，多重度は 4 となる．

$2 \times \left(\frac{1}{2} + \frac{1}{2} + \frac{1}{2}\right) + 1 = 4$

O：8 番目の電子は 2p 軌道に電子対をつくって入る．この結果，酸素の不対電子は 2 個に減ることになる．

F：9 番目の電子も 2p 軌道に電子対をつくって入る．したがって，フッ素の不対電子は 1 個である．

Ne：10 番目の電子が 2p 軌道に入ることによって，L 殻が満員になる．そのため，ネオンはヘリウムと同じ閉殻構造となって安定化する．

18 族の希ガス元素が安定で反応性に乏しいのはこのことが原因である．

3. 分 子 軌 道

原子は結合して分子をつくる．結合には種類があるが，有機分子を構成するおもな結合は共有結合である．ここでは，共有結合による分子の形成について見てみよう．

水素分子と分子軌道

2個の水素原子が近づくと互いの1s軌道が重なり，さらに近づくと1s軌道は消滅して，2個の水素原子核のまわりに新たな軌道ができる（図1・6a）．この軌道を分子に属する軌道なので**分子軌道**（molecular orbital, MO）という．それに対して，1s軌道などは原子に属する軌道なので原子軌道という．

分子軌道に属する電子はおもに両方の原子核の中間領域に存在することになる（図1・6b）．このため，プラスに荷電した原子核は，マイナスに荷電した電子をのり（糊）として結合する．このような電子状態を特に"結合電子雲"という．

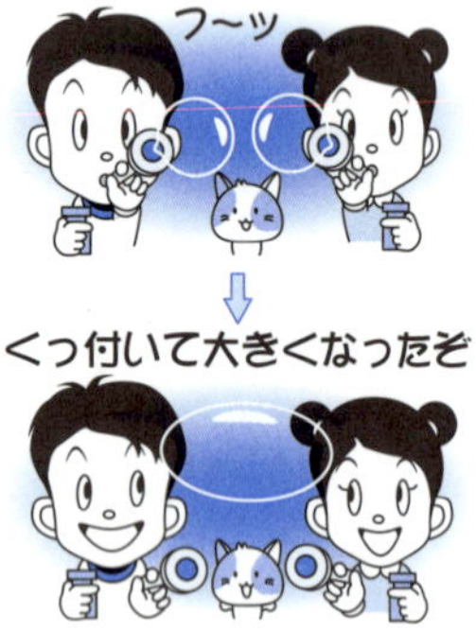

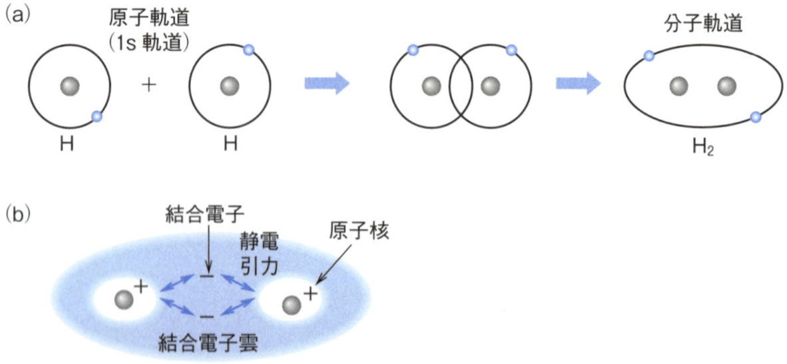

図1・6　**分子軌道.** (a) 水素分子のできる過程，(b) 結合力（静電引力）

このように**共有結合**（covalent bond）は，一つの軌道に1個だけ入った電子，つまり不対電子を2個の原子が互いに出し合い，共有し合うことによってできる結合である．したがって，不対電子を1個しかもたない水素原子は1本の共有結合しかつくることはできないが，2個もつ酸素，3個もつ窒素はそれぞれ2本，3本の共有結合をつくることができる．なお，炭素は2個の不対電子しかもたないが4本の共有結合をつくることができる．

このことについては後で説明する．

結合性軌道と反結合性軌道

図1・7は2個の水素原子からなる系のエネルギーと原子間距離の関係を示したものである．ここで，縦軸はエネルギーを示し，水素原子どうしが無限に離れたときを基準（$E=0$）とする．

曲線bは，両原子が近づくとマイナス側に下降する．これは，系がエネルギー的に安定化することを示している．やがて，曲線bは極小値を示すが，このときのr_0が水素分子における原子間の結合距離に相当する．さらに，原子が近づくと，原子核間の静電的な反発が起こるため，曲線bは上昇し，エネルギー的に不安定な状態になる．

一方，曲線aは，水素原子どうしが近づくにつれて，上昇を続ける．

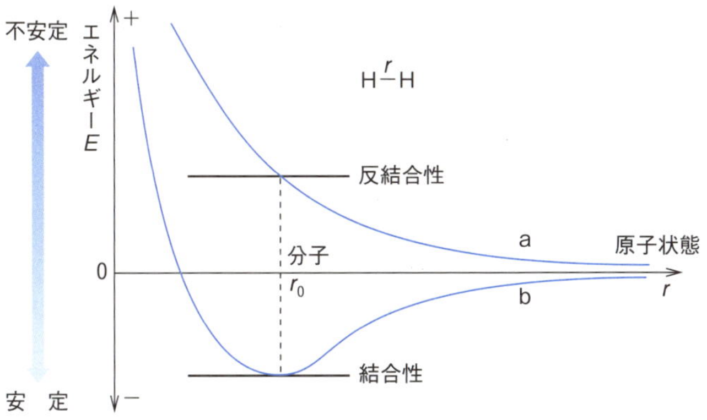

図1・7　水素原子間の距離とエネルギー

ここで曲線bに従う軌道を**結合性軌道**（bonding orbital），曲線aに従う軌道を**反結合性軌道**（antibonding orbital）という．結合性軌道は系を安定化し結合をつくるように作用するが，反結合性軌道は系を不安定化するように作用する．図1・7における結合距離r_0では，結合性軌道と反結合性軌道の軌道エネルギーの絶対値は等しくなっていることがわかる．

上記に基づいて，水素分子の分子軌道のエネルギーを示したものが図1・8である．ここで，水素原子の1s軌道のエネルギーをα，結合距離r_0における結合性軌道と反結合性軌道のエネルギーをβとすると，結合性軌道のエネルギーは（$\alpha+\beta$），反結合性のエネルギーは（$\alpha-\beta$）となる．

ここでα，βはともに負の値をとる．よって，αよりも$\alpha+\beta$のほうがエネルギーが低くなる．

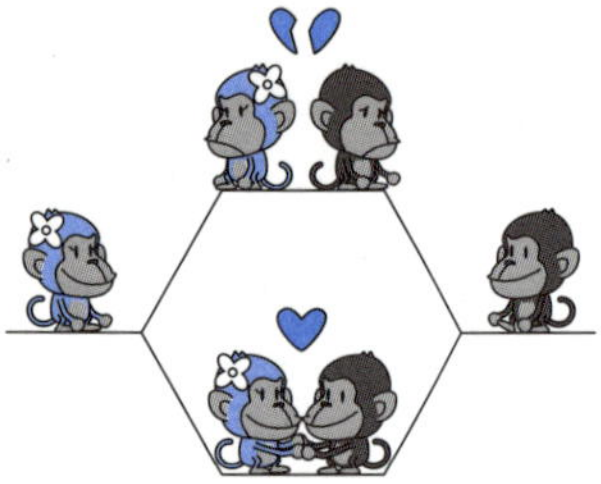

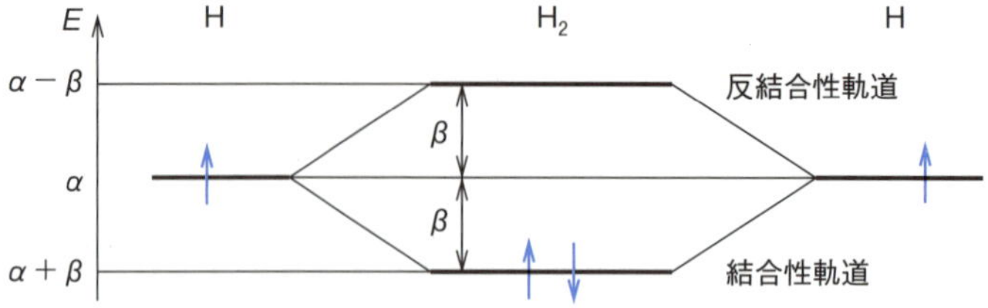

図1・8　水素の分子軌道図

結合エネルギー

分子軌道には原子軌道と同じように2個の電子が入ることができる．したがって，水素分子の2個の電子は結合性軌道に入ることになる（図1・9a）．

結合前の電子のエネルギーは2αであり，結合後の電子のエネルギーは$2(\alpha+\beta)$であるので，水素分子の形成によって2βだけ安定化したことになる．この2βが水素分子の結合エネルギーに相当する．

水素分子アニオンH_2^-の結合エネルギーを考えてみよう（図1・9b）．このイオンは電子を3個もち，そのうち2個は結合性軌道に，1個は反結合

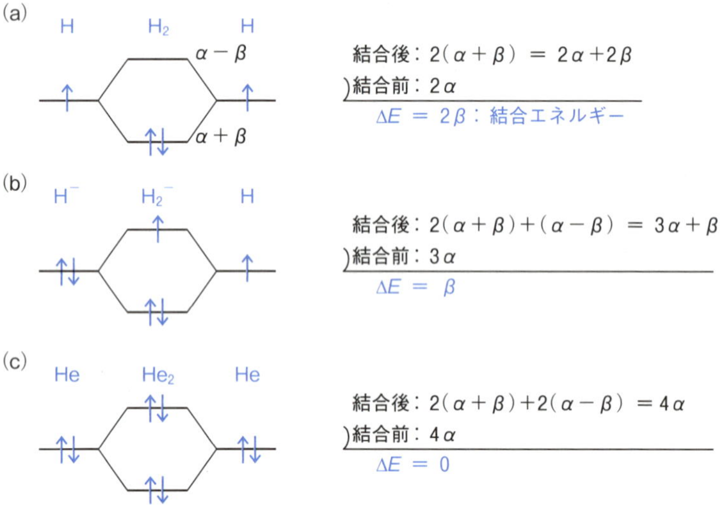

図1・9　**分子軌道と結合エネルギー**．(a) 水素分子，(b) 水素分子アニオン，(c) ヘリウム分子

性軌道に入る．したがって，結合エネルギーはβとなる．これは水素分子の半分の値になる．

つぎに，ヘリウム原子が分子をつくらない理由を見てみよう．ここで，分子をつくったと仮定すると，図1・9 (c) のようになる．ヘリウム分子の電子は4個であり，結合性軌道と反結合性軌道が一杯になる．この結果，結合エネルギーがゼロになる．よって，ヘリウム分子は存在できない．

4. 混成軌道

有機分子を構成する主要原子は炭素であるが，炭素は結合の際に**混成軌道**（hybrid orbital）を用いることが大きな特徴である．炭素の混成軌道にはsp^3，sp^2，sp 混成軌道の3種類がある．

ポイント!

混成軌道によって，さまざまな種類の有機分子の形成が可能となる．

sp^3混成軌道と単結合

sp^3混成軌道は一つのs軌道と三つのp軌道からできた混成軌道であり，全部で四つある（図1・10）．各混成軌道は同じ形をし，互いに109.5°の方向を向く．4個の混成軌道はすべて同じエネルギーをもち，したがって4個のL殻電子は各軌道に不対電子となって入る．このため，炭素には4個の不対電子があることになり，4本の共有結合をつくることができる．

海岸においてある波消しブロックのテトラポッドと同じ形である．

この混成軌道に，4個の水素の1s軌道が重なってできた分子がメタンである（図1・10b）．したがって，メタンは正四面体形の構造をとる．

このようにしてできたC−H結合はC−H軸を中心に回転することができる．このように，単結合のまわりで回転できる結合を**σ結合**という．

窒素，酸素のsp^3混成軌道

アンモニアNH_3の窒素もsp^3混成である（図1・11）．しかし，四つの軌道に5個のL殻電子を入れるので，一つの軌道には電子対が入ることになる．このように，価電子のつくる電子対を特に**非共有電子対**（unshared electron pair）という．窒素の不対電子は3個なので，3個の水素と結合してアンモニアをつくる．アンモニアの形は三角錐である．

電子の入っている電子殻のうち，最も外側の電子殻を最外殻といい，そこに入っている電子を最外殻電子という．最外殻電子はその原子のイオンの価数を決める場合があるので，価電子とよんでいる．

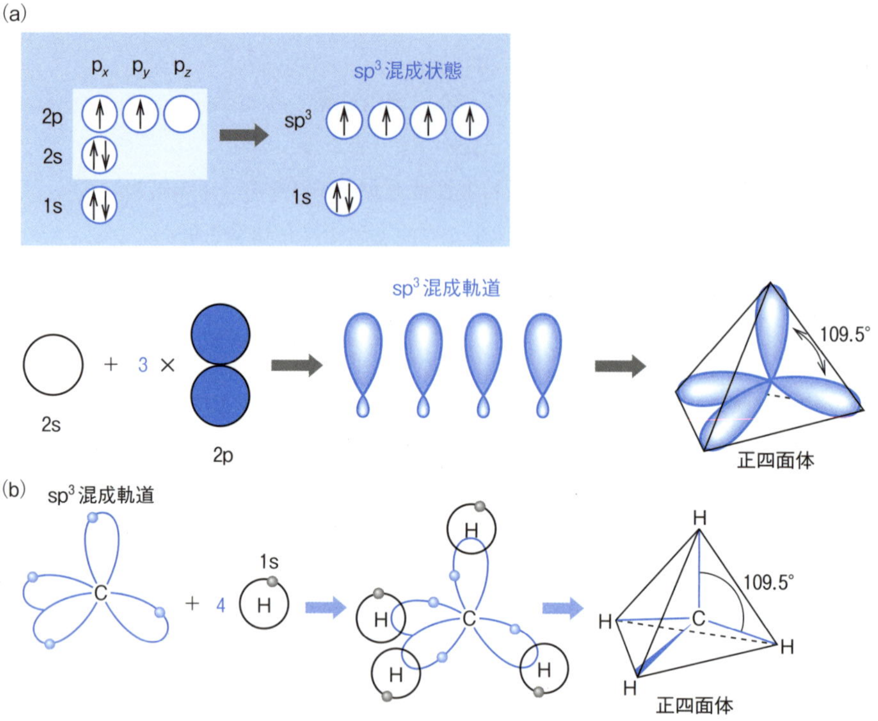

図 1・10　sp^3混成軌道の形成（a）およびメタンの構造（b）

水分子 H_2O の酸素も sp^3混成であり，二組の非共有電子対をもつ．水の HOH 結合角は 109.5°ではなく，二組の非共有電子対どうしの反発のために 104.5°となっている．

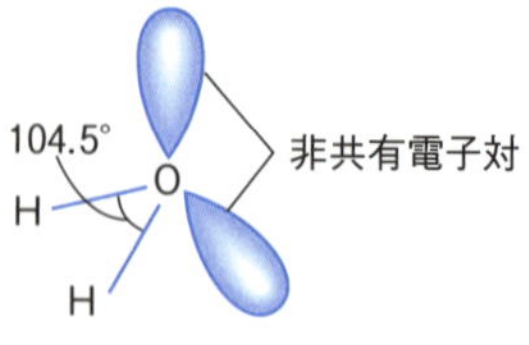

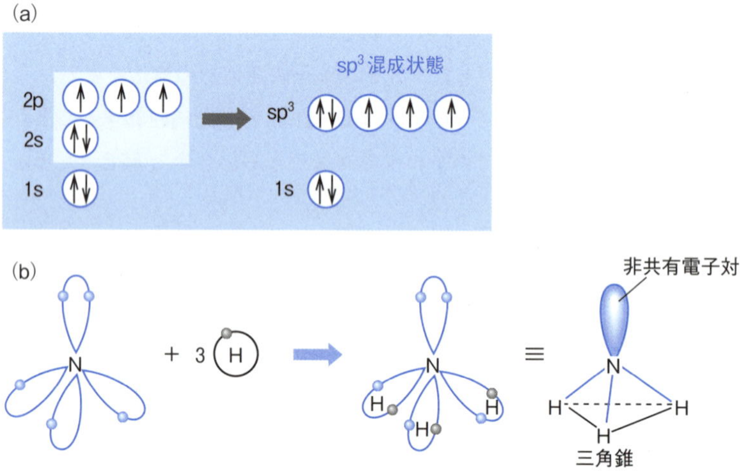

図 1・11　sp^3混成状態の窒素原子の電子配置（a）およびアンモニアの構造（b）

配位結合

アンモニア NH_3に水素イオン H^+が結合したものをアンモニウムイオン $NH_4{}^+$という．この結合を見てみよう（図 1・12）．

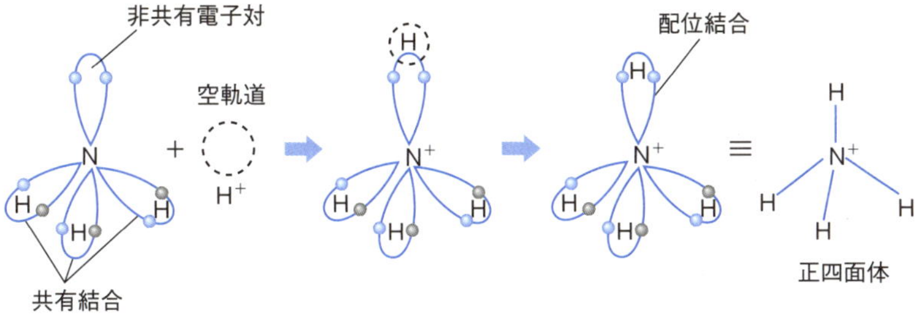

図 1・12　**アンモニウムイオンの構造**

H^+の 1s 軌道には電子が存在せず，この空軌道にアンモニアから非共有電子対が供給される．この結果，窒素と水素イオンの間には軌道の重なりができ，N−H σ 結合が形成される．

この結合を構成する 2 個の結合電子は両方とも窒素からきたものである．これは，"2 個の原子が 1 個ずつの電子を出し合う" のではないために，共有結合とはいえない．特に，このような結合を**配位結合**（coordinate bond）という．しかし，配位結合が形成されれば共有結合と同じであり，現に $NH_4{}^+$の 4 本の N−H 結合を区別することは不可能である．$NH_4{}^+$の形はメタンと同じ正四面体である．

ヒドロニウムイオン H_3O^+の O−H 結合も同じである．H^+が H_2O の非共有電子対と軌道の重なりをつくることによってできた配位結合である．H_3O^+の形はアンモニアと同じ三角錐である．

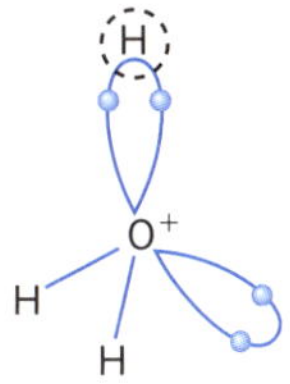

sp²混成軌道と二重結合

sp²混成軌道は一つの s 軌道と二つの p 軌道からできた軌道であり，全部で三つある（図 1・13）．三つの軌道は平面上に 120°の角度で交わる．混成に関与しない 2p 軌道は，この平面を垂直に突き刺すようにして存在する．

sp²混成軌道からできた典型的な分子はエチレンである．エチレンは平面上に 2 個の sp²炭素を置き，1 個の混成軌道で C−C 結合をつくり，残りの混成軌道で合計 4 個の水素と結合する．この C−C 結合は回転できるので σ 結合である．

このようにしてできた分子骨格を特に σ 骨格ということがある．

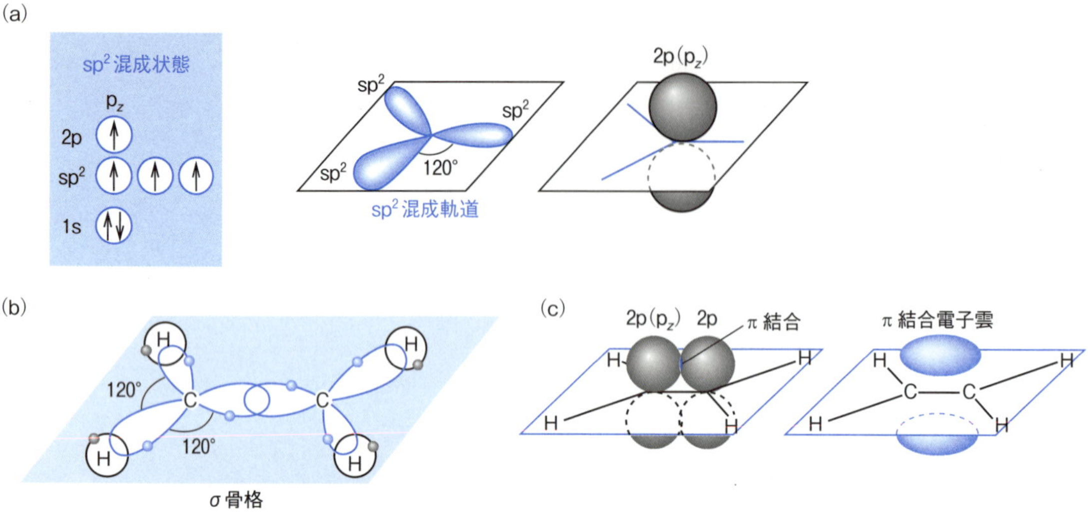

図1・13　**sp^2混成軌道.** (a) sp^2混成軌道の形, (b) エチレンの結合状態, (c) π結合

これはお皿の上の２本のみたらしが，互いに横腹を接してくっ付くのとよく似ている．

エチレンの炭素上には 2p 軌道が残っている．C−C σ 結合が形成されたときには，２個の 2p 軌道は互いに接している．このような結合を **π 結合**という．π 結合の結合電子雲は結合軸の上下に分かれて存在するので，結合の回転によって切断される．したがって，π 結合は回転できない．

エチレンの C−C 結合は σ 結合と π 結合によって二重に結合されているので，**二重結合** (double bond) といわれる．二重結合は π 結合のために，一般的には回転が不可能である．

sp 混成軌道と三重結合

sp 混成軌道は一つずつの s 軌道と p 軌道からできた軌道であり，互いに反対方向を向く（図1・14）．sp 混成炭素には混成に関与しなかった２個の 2p 軌道が互いに直交するようにして存在する．

sp 混成炭素からできた典型的な分子はアセチレンである．アセチレンの σ 骨格は sp 混成軌道できているので直線形である．各炭素上にある二組ずつの p 軌道は平行なものどうしが π 結合をつくるので，結局２本の π 結合が存在することになる．各 π 電子は互いに流れよって円筒状の電子

このように，一つの σ 結合と二つの π 結合からなるものを**三重結合** (triple bond) という．

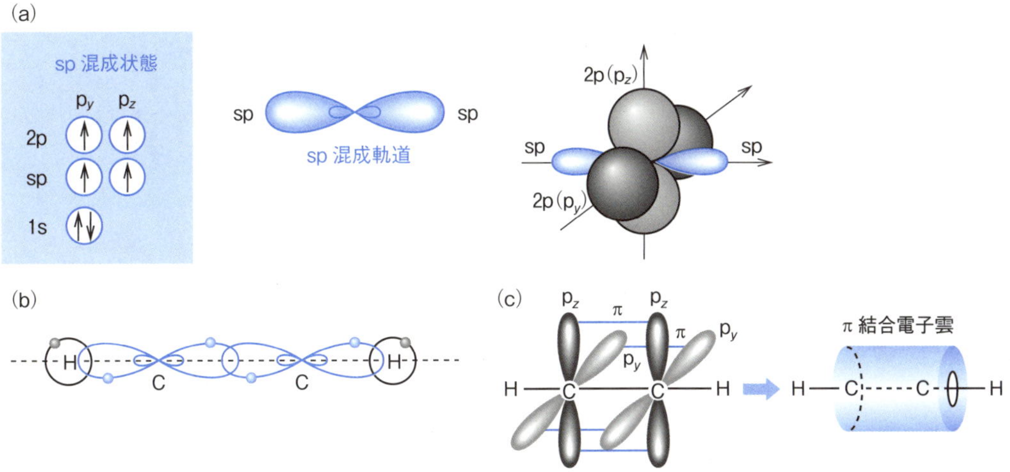

図 1・14　**sp 混成軌道.** (a) sp 混成軌道の形, (b) アセチレンの σ 骨格, (c) π 結合電子雲

雲をつくると考えられている.

5. 共役二重結合

単結合と二重結合が交互に連続した結合を**共役二重結合**（conjugated double bond）という. 共役二重結合をもつ有機分子はその電子状態を反映して特徴的な性質をもつため, さまざまな機能の発現が期待される.

ブタジエンの π 結合

この結合をもつ典型的な分子にブタジエンがある. ブタジエンの 4 個の炭素原子はすべて sp^2混成であり, p 軌道をもっている（図 1・15）. したがって, これら 4 個の p 軌道はすべてエチレンの場合と同じ π 結合を形成している.

構造式 **A** では C_2–C_3間に π 結合はないとしているが, 実際には π 結合が存在している. 構造式 **B** は C_2–C_3間に π 結合があるとしているが, この C_2, C_3の結合手が 5 本となり, これまた炭素の結合手の本数に合わない.

このようなことを理解したうえで, ブタジエンの構造式は **A** のように表す.

これは, ブタジエンの結合が単結合と二重結合の中間であることに由来する. このような結合を共役二重結合という. 共役二重結合の π 結合電

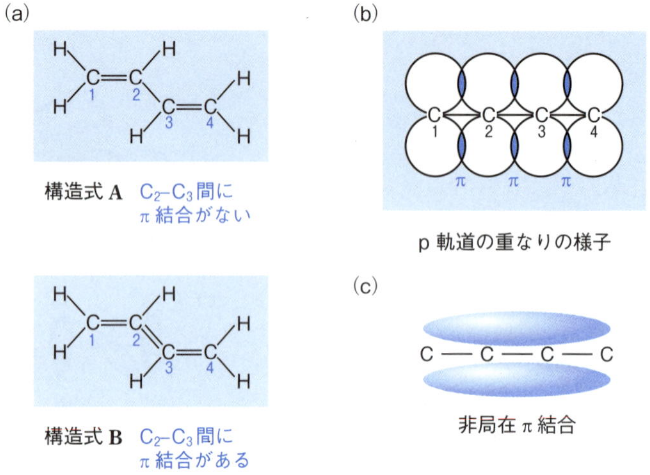

図 1・15　ブタジエンの結合状態

それに対して，エチレンの π 結合のように 2 個の炭素間に限定されるものを局在 π 結合ということがある．

子雲は共役系全体に広がり，これを**非局在 π 結合**（delocalized π bond）という．

π 結合の分子軌道

ポイント!

分子軌道法は結合および電子状態を明らかにし，有機分子のもつさまざまな性質を考えるうえで重要である．

先に水素分子の分子軌道を取扱ったが，分子軌道法は有機分子の共役二重結合系に対して威力を発揮する．

ここでは二重結合を σ 結合と π 結合に分離し，π 結合だけを分子軌道法で取扱ってみよう．π 結合は二つの p 軌道でできた結合なので，二つの s 軌道でできた水素分子の分子軌道と同じように取扱うことができることがわかる．

図 1・16 はエチレンの π 結合の軌道エネルギーである．α は炭素 2p 軌道のエネルギーである．π 電子は 2 個だから，結合性軌道に入る．したがって，水素分子の場合と同様に，π 結合エネルギーは 2β となる．

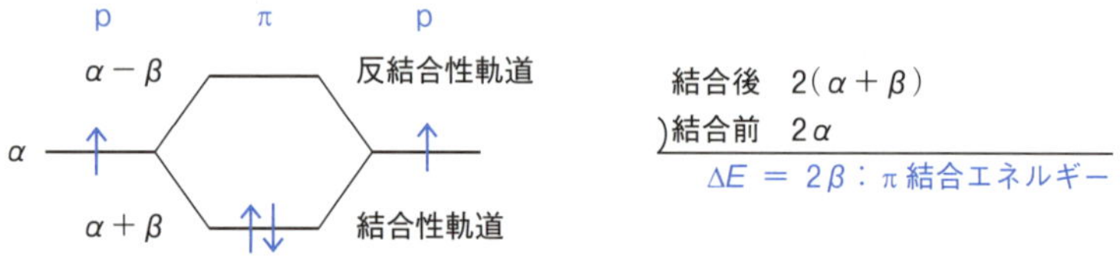

図 1・16　エチレンの分子軌道と π 結合エネルギー

共役系の分子軌道

ブタジエンの非局在π結合の分子軌道を見てみよう．ここでは細かいことは割愛するが，要点をまとめるとつぎのようになる．

① 分子軌道は非局在π結合を構成するp軌道の個数だけできる．

② 分子軌道の半分は結合性軌道であり，残り半分は反結合性軌道である．

③ 分子軌道のエネルギーはαを中心にして上下対称に存在する．

④ すべての分子軌道のエネルギーは$\alpha+2\beta$〜$\alpha-2\beta$の間に存在する．

以上をブタジエンに当てはめると，① 分子軌道は四つあり，② そのうち二つは結合性であり，二つは反結合性であることがわかる．③，④に留意して，軌道のエネルギー準位を示すと図1·17のようになる．エネルギーの実際値は分子軌道計算によって求めたものであるが，③，④を満足していることがわかる．

電子の入っている軌道のうち，最もエネルギーの高い軌道をHOMOといい，空の軌道のうち最もエネルギーの低い軌道をLUMOという．HOMO，LUMOについては3章参照．

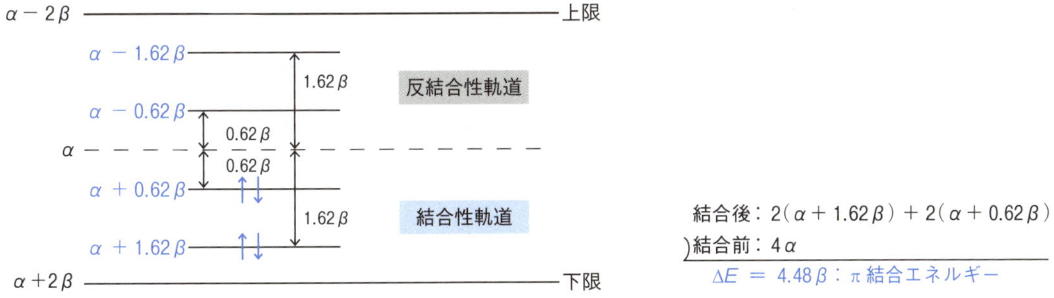

図1・17　ブタジエンの分子軌道とπ結合エネルギー

非局在化エネルギーと共鳴

ブタジエンのπ電子は4個であるので，電子配置は図1・17のようになる．この電子配置をもとに，π結合エネルギーを求めると4.48βとなる．

ところで，ブタジエンが非局在化しなかったらどのようになるだろうか？ これはC_2–C_3間にπ結合がないことを意味し，ブタジエンのπ結合はエチレンのπ結合2個分となる．したがって，この場合の仮想的π結合エネルギーはエチレンの結合エネルギーの2倍の4βとなる（図1・18）．

非局在化した場合のπ結合エネルギーと，そうでない場合の結合エネルギーの差である 0.48β は，非局在化したほうがより安定であることを示している．

有機化学では，共役系分子の特別な安定性を説明するのに共鳴法という伝統的な手法を用いることがある．この手法は慣れると簡単で便利なものであるが，理論的根拠に乏しく，かつ定量性に欠ける．ここで求めた非局在化エネルギーは共鳴エネルギーに相当するものであり，定性的な共鳴エネルギーを定量的に表したものといえる．

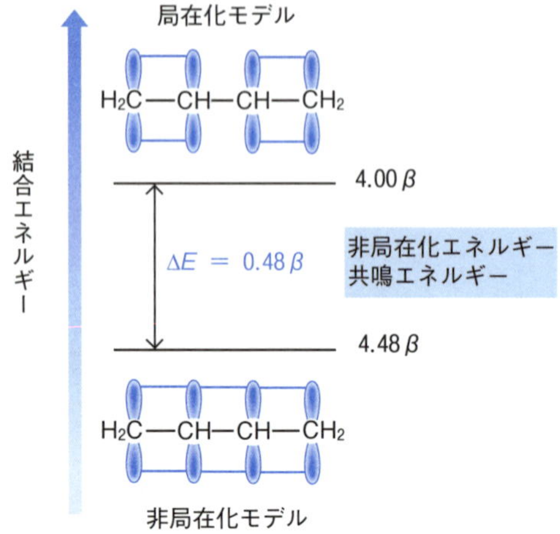

図1・18　**非局在化エネルギー**

2 さまざまな有機分子

有機分子を構成する原子の種類は少ないが，それらの原子を組合わせてつくられる有機分子の種類は無数といってよい．どのような有機分子が存在するのかを知ることは，有機分子のもつ機能を考えるうえでも重要である．また，機能の発現は有機分子の構造と大きな関連があるので，ここでは特に有機分子の立体構造について取上げることにする．

1. 有機分子の種類

無数に存在する有機分子を合理的に分類することはかなり難しいことであるが，ここでは一般的に見られる方法に従って，有機分子の種類を見てみよう．

どのような種類の有機分子がどのような機能をもつことができるのかを知ることは重要である．

一般的な分類

有機分子は炭素骨格のタイプをもとに，図2・1のように分類できる．

まず，炭素骨格が環状であるかどうかにより，**非環式化合物**（acyclic compound，**鎖状化合物**（chain compound））と**環式化合物**（cyclic compound）に分けることができる．環式化合物のうちで，環が炭素のみで構成されているものを**炭素環式化合物**（carbocyclic compound），それに対して環内に炭素以外の原子（酸素，窒素，硫黄，リンなど）を含むものを**複素環式化合物**（heterocyclic compound）という．炭素環式化合物はさらに，脂環式化合物と芳香族化合物に分けられる．**芳香族化合物**（aromatic

ピリジンなどのように，複素環式化合物で芳香族性をもつものは“複素環式芳香族化合物”とよぶ．

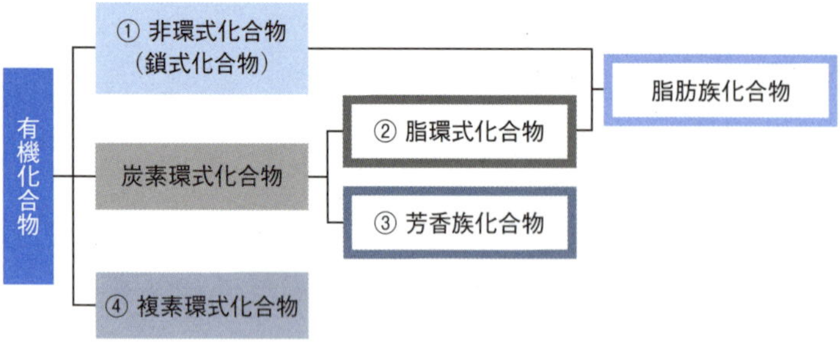

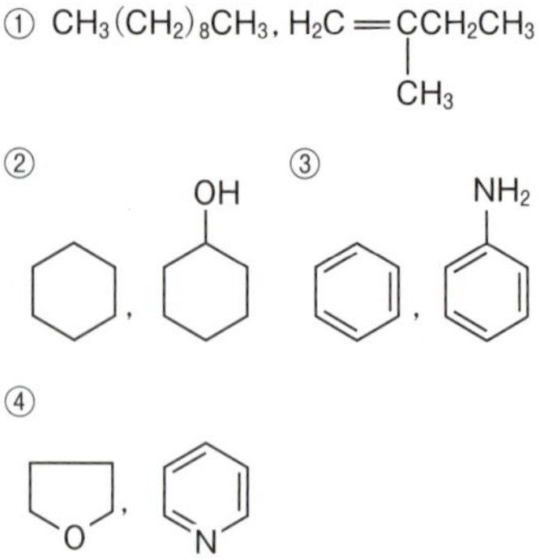

図2・1　**有機分子の一般的な分類**

これを**ヒュッケル則**（Hückel rule）という．

非環式化合物と脂環式化合物を合わせて“脂肪族化合物”ともいう．

有機機能材料については7章，分子膜については4章や6章を見てみよう．

compound）は環内に $4n+2$ 個（$n=0, 1, 2\cdots$）の π 電子をもつ分子であり，それ以外のものを**脂環式化合物**（alicyclic compound）という．

本書では扱う分子の性質から見て，芳香族化合物が重要となる．また，複素環をもつ分子も有機伝導体などの有機機能材料で活躍している．一方，鎖状構造をもつ分子はそれらが多数集合してできた分子膜などにおいて見られる．

低分子と高分子

有機分子を分子量で分けることもある．その場合，おおむね分子量が数百程度のものを**低分子**，1万程度以上ものを**高分子**（polymer，**ポリマー**）という．ただし，高分子は1種あるいは数種の構造単位（モノマー）が共有結合によって，数千個，数万個繰返し結合したものをいう（図2・2）．

さらに，高分子には自然界に存在する**天然高分子**（natural polymer）と人工的につくられた**合成高分子**（synthetic polymer）に分けることができる．また天然高分子のうちで，タンパク質やDNAなどのように生物体を構成し，特定の働きをするものを**生体高分子**（biopolymer）とよぶ．

生体高分子については6章，導電性高分子については7章を参照．

本書では生体高分子の機能を中心にふれるが，合成高分子も導電性高分子などの新しい有機機能材料として活躍している．

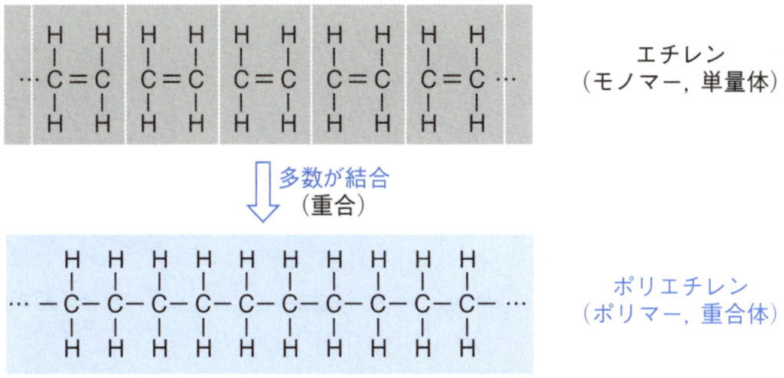

図2・2　高分子の基本的な構造

有機金属化合物

分子中に少なくとも一つの金属–炭素結合を含むものを，**有機金属化合物**（organometallic compound）という．有機金属化合物にはグリニャール試薬 RMgX のように単純な分子や，金属原子や金属イオンのまわりを取囲むように，数個の有機分子が結合（配位結合）したもの，つまり**有機金属錯体**（organometallic complex）などがある．

有機金属化合物を用いると，一般の試薬では実現できない特別な反応が可能となるため，有機合成において不可欠なものとなっている．グリニャール試薬はその代表的なものの一つである．

有機金属錯体にはヘモグロビンに含まれるヘムや葉緑体に含まれるクロロフィルなど，生命を担う重要な機能をもつものが多い．これらを模倣して新しい機能をもつ分子を人工的に合成する試みが，現在盛んに行われている．

ヘモグロビンについては6章参照．

このような試みの例は8章でふれた．

超分子

複数の有機分子が分子間に働く相互作用によって集まってできたものを**超分子**（supermolecule）という．通常の有機分子は原子どうしが共有結合によって強固に結合しているのに対して，超分子では分子間に働く相互作用は弱く，緩やかに結合していることが大きな特徴となっている．

超分子にはさまざまなものがあり，ここでは本書に登場するもので代表的なものを紹介する（図2・3）．

① 少数の分子で構成される例としては，2分子の安息香酸が水素結合によって形成した会合体，TTF と TCNQ などによる電荷移動錯体，クラウンエーテルなどに代表されるホスト–ゲスト錯体などがある．

電荷移動錯体については7章，クラウンエーテルについては4章を参照．

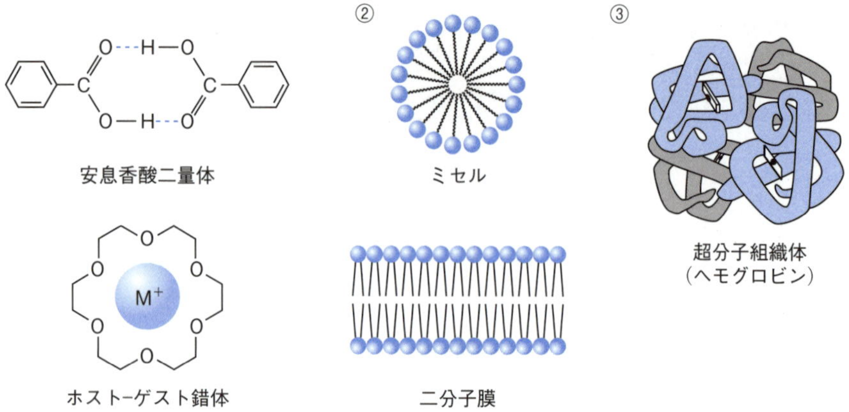

図2・3　**超分子の例**

② 分子が多数集まって秩序ある構造を形成した分子組織体も超分子の一員である．これらの例として，両親媒性分子によってできたミセルや種々の分子膜などがある．また，ある種の分子が集合して，規則性と流動性をもち，液体と結晶の中間的な状態をとる液晶も超分子である．

これらについては4章を参照.

③ 超分子構造をもつユニットが集合して，さらに高度な組織体を形成しているものも存在する．たとえば，生体でさまざまな機能を果たしているタンパク質は，アミノ酸が多数結合してできたポリペプチドのつくる特有な立体構造をもつサブユニットが集合してできた超分子組織体である．

以上のような超分子によって，通常の有機分子では実現できない機能の発現が期待されており，有機機能化学にとって非常に重要な要素となっている．

2. 生命を担う有機分子

究極の有機機能性は生命にある.

生命はさまざまな分子をもとに精巧に組織され，高度な機能を実現している．まさに，生命は究極の有機機能性を発現する場であるといえる．このため，生命は有機分子のもつ機能を理解し，新しい機能をもつ分子を設計するときの大切な手本となる．ここでは，生命を構成し，重要な機能を担う有機分子について見てみよう．

共有結合でつくられた超分子

超分子は分子間相互作用によって形成された分子集合体であり，これらの構造をナノメートルのスケールで制御することで，新しい機能を発現できる．以下の分子は共有結合でできており，本来の超分子とは異なるが，同様な機能発現が期待され，活発に研究されているので代表的なものを紹介する．

フラーレン（fullerene）は，炭素の燃えた後の煤（すす）から発見された分子である．炭素60個からなるC_{60}は，六員環20個と五員環12個が組合わさったサッカーボールの形をした分子である（図1）．C_{60}分子は溶液中では個別に存在するが，固体中では分子結晶として存在し，室温付近では面心立方構造をとる．C_{60}のほかに，C_{70}，C_{76}，C_{78}などの高次フラーレンも知られている．フラーレン内部にアルカリ金属などを取込むことができ，有機超伝導体などの材料として注目されている（7章参照）．

デンドリマー（dendrimer）は規則的な枝分かれ構造をもつ樹木状高分子であり，枝分かれを繰返して，放射状に広がった三次元の球状構造をしている．一例として，図2にポリアミドアミン（PAMAM）デンドリマーの構造を示した．デンドリマーの真ん中は空洞になっているので，さまざまな分子を取込むことができる．たとえば，デンドリマーに抗がん剤を取込んで，患部に適切に送り届けるドラッグデリバリーシステムや，環境からの刺激に応答するセンサー，人工光合成など，さまざまな分野での応用が期待されている（5章参照）．

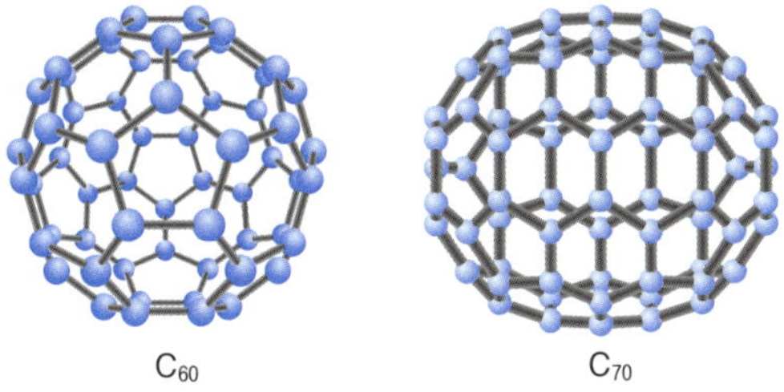

図1　フラーレン

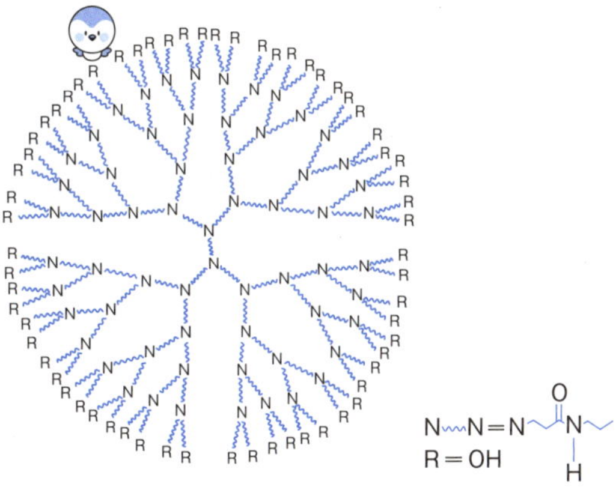

図2　ポリアミドアミンデンドリマーの構造

アミノ酸はタンパク質のもと

タンパク質は生体を構築するだけでなく，化学反応を速やかに行う酵素としても活躍する．また，ヘモグロビンなどのように酸素を結合して運搬するなど，そのほかさまざまな機能をもつタンパク質がある．

酵素については6章を見てみよう．

タンパク質はアミノ酸が多数結合してできたポリペプチドからなる巨大

分子である．

図 2・4 に示すように，**アミノ酸**（amino acid）はアミノ基 NH_2 とカルボキシ基 COOH をもつ有機分子で，真ん中の炭素原子（α 炭素）にはそのほかに，水素原子 H と側鎖 R が付いている．また，側鎖 R の違いによって，アミノ酸の種類が異なる．

生体中のタンパク質を構成するアミノ酸は約 20 種類に限られている．

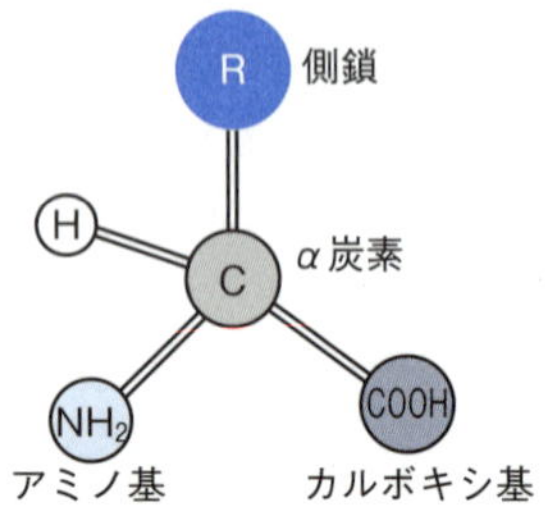

図 2・4　**アミノ酸の基本構造**

ポリペプチドからタンパク質へ

アミノ酸どうしはアミノ基とカルボキシ基の間で水がとれて結合する．このような結合を**ペプチド結合**（peptide bond）といい，ペプチド結合をもつ分子を**ペプチド**という（図 2・5）．つまり，アミノ酸はペプチド結合によってつぎつぎとつながることができ，その結果，種類の異なるアミノ酸が数 100 個もつながった**ポリペプチド**（polypeptide）ができる．

さらに，ポリペプチドは構成するアミノ酸間での水素結合などによって，

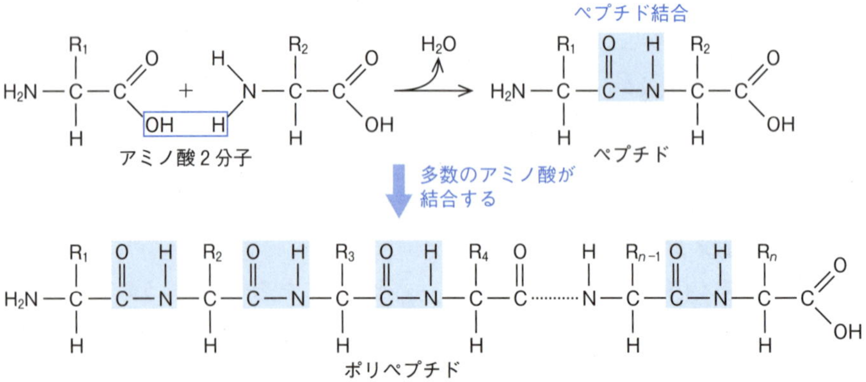

図 2・5　**アミノ酸からポリペプチドへ**

αヘリックスやβシートなどの特有な立体構造をとる．αヘリックスはらせん状の構造，βシートは折れ曲がったシート状の構造をしている．そして，これらの部品が組合わさって，複雑な三次元構造がつくられる．図2・6には，模式的な三次元構造と実際のタンパク質であるミオグロビンの構造を示した．

αヘリックスやβシートの具体的な構造は図6・1に示した．

ミオグロビンは筋肉中に存在し，中心に鉄原子をもつヘム（6章参照）という部分をもち，酸素を結合して筋肉に供給する役割をもつ．

また，生体では複雑な三次元構造をとるポリペプチドがさらに集合してできたタンパク質も多く見られる．

代表的なものにヘモグロビンがある（図6・3参照）．

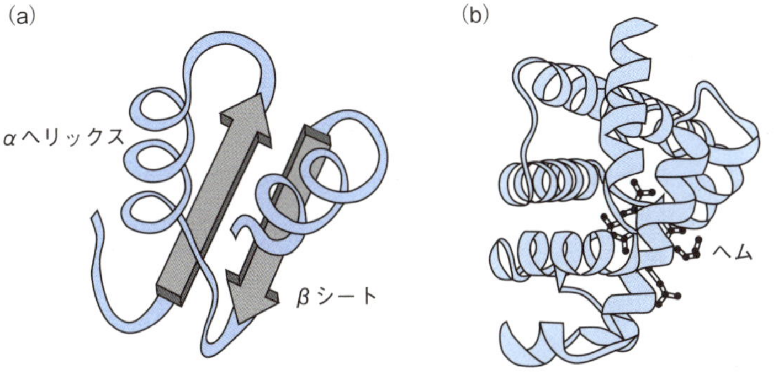

図2・6　**複雑な三次元構造.** (a) 模式的なもの，(b) ヒトのミオグロビン

アミノ酸からタンパク質へ

アミノ酸（図2・4）
↓ 多数結合
ポリペプチド（図2・5）
↓
立体構造（図6・1）
（αヘリックス，βシート）
↓ 組合わせる
複雑な三次元構造（図2・6）
↓ さらに集合
タンパク質の集合体（図6・3）

糖　質

糖質（saccharide）はエネルギー源として，さらには細胞の表面に存在し細胞認識に関与する物質などとして重要である．糖質を構成するおもな原子は炭素，水素，酸素であり，これらによってつくられた五員環や六員環が基本単位となっている．

糖は炭水化物ともいわれ，一般に$C_m(H_2O)_n$で表される．しかし，この組成と異なるものや，これ以外の元素を含むものもある．

最も基本的な糖質は**単糖類**（monosaccharide）であり，グルコース（ブドウ糖），フルクトース（果糖）などがある（図2・7a）．グルコースは図2・7(b)の色で示したヒドロキシ基OHの環に対する向きによって，2種類の構造がある．これは立体的な配置の違いによって生じた異性体であり，それぞれをα形，β形として区別している．

一般に単糖類には環状構造と鎖状構造がある．グルコースの場合は，水中ではほとんどが環状構造で存在し，α形が約1/3，β形が約2/3の割合になっている．

2個の単糖類の間で水がとれて結合したものが，**二糖類**（disaccharide）である．図2・8(a)には，α-グルコースとフルクトースが結合した砂糖の

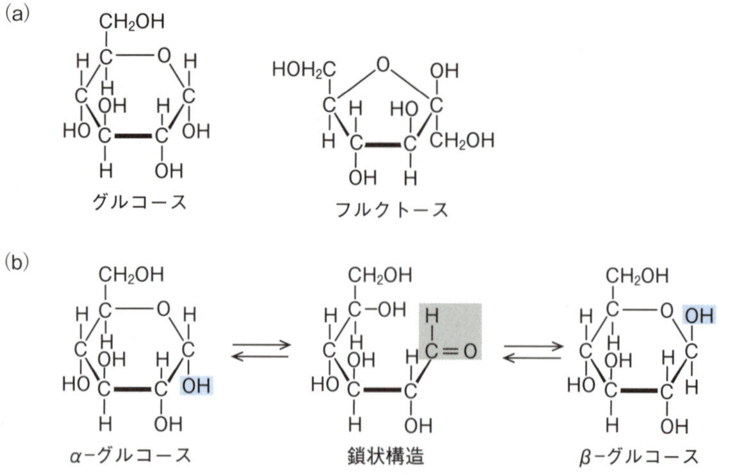

図2・7　**単糖類.** (a) 六単糖と五単糖, (b) グルコースの構造の変化

グルコース単位が6〜8個つながってできた環状オリゴ糖であるシクロデキストリンはホスト分子として重要である（4章参照）.

セルロースは植物の細胞壁の主成分であり，β-グルコースが多数結合してできている（図5・1参照）.

主成分であるスクロース（ショ糖）の構造を示した.

数十〜数百万の単糖類から水がとれて結合したものが，**多糖類**（polysaccharide）である．これらの例として，デンプンやセルロースなどがある．デンプンはα-グルコースからできているが，直鎖状のアミロースと（図2・8b），枝分かれ状のアミロペクチンからなっている.

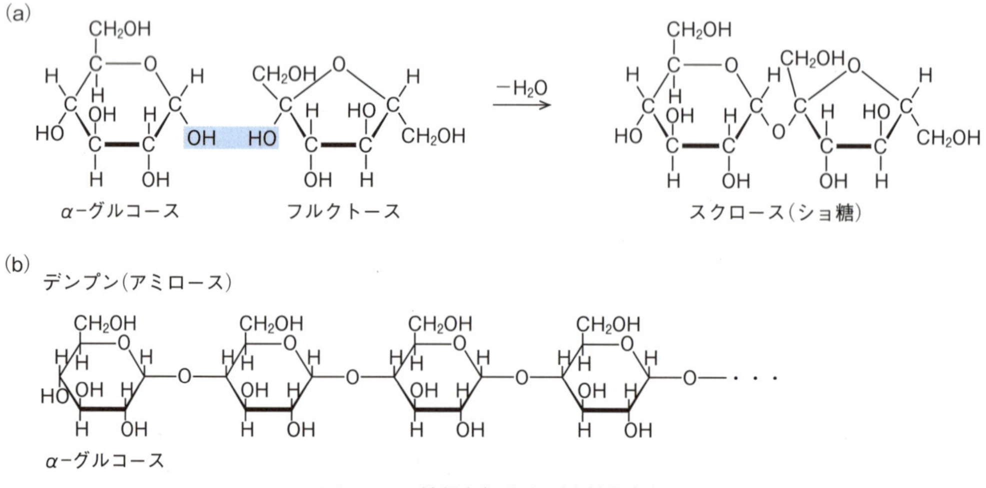

図2・8　**二糖類(a) および多糖類(b)**

DNAとRNA

DNA（deoxyribonucleic acid）は核酸の一種であり，遺伝を担う分子である．DANの自己複製によって，遺伝情報が伝達される．

DNAの自己複製については6章参照．

DNAは2本の基本鎖が寄り合わさった**二重らせん構造**（double helix）をとる（図2・9）．基本鎖は糖（デオキシリボース）とリン酸が結合してできており，さらに糖の部分に塩基が結合している．この構成単位を**ヌクレオチド**（nucleotide）といい，基本鎖はこのヌクレオチドが多数つながってできている．

DNAは糖としてデオキシリボースをもつのでデオキシリボ核酸という．一方，RNAは糖としてリボースをもつのでリボ核酸という．

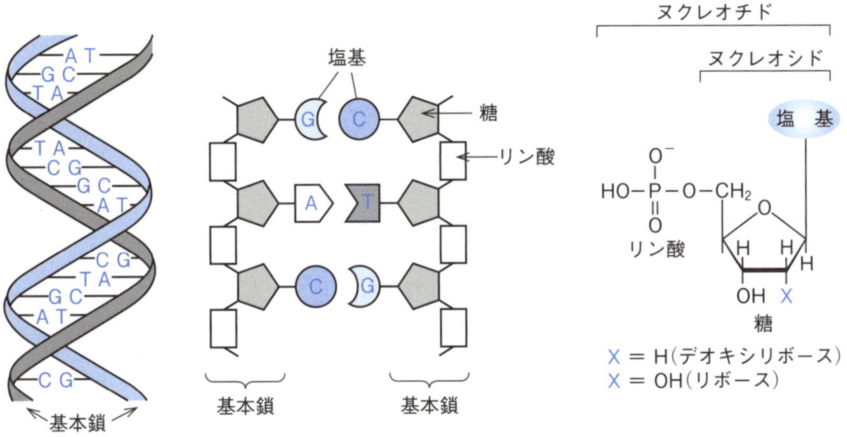

図2・9　**DNAの基本的な構造．** DNAでは糖がデオキシリボース，RNAでは糖がリボースになる．

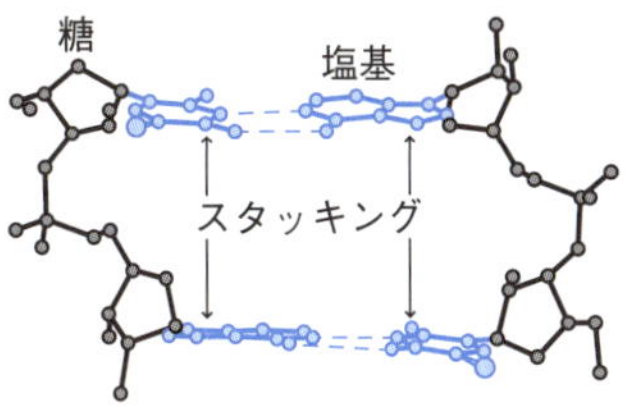

二重らせんの形成には，水素結合による塩基どうしの結合が重要な役割を果たしている．DNAを構成する塩基は，アデニン（A），グアニン（G），シトシン（C），チミン（T）の4種類からなる（図2・10a）．塩基はN−H結合やC=O結合をもち，これらを介して水素結合が形成される．塩基どうしの水素結合には相性があり，AとT，GとCとの間のみで働く（図2・10b）．

さらに，塩基は平面状であるので，分子面をらせんの伸びる方向に垂直に向けて，隣の塩基の面どうしで重なり合っている．一般に，このような積み重なりを**スタッキング**（stacking）といい，水素結合に加えて二重ら

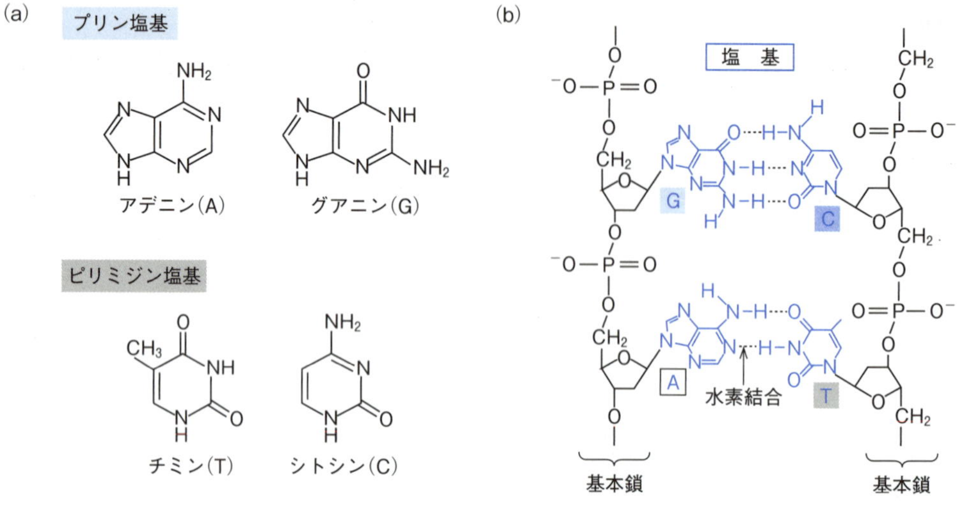

図2・10　**DNAの塩基（a）および塩基間の水素結合（b）**

せんを安定化する働きをしている．

そのほか，生体において重要な核酸にRNAがある．**RNA**（ribonucleic acid，リボ核酸）はDNAの情報を写し取り（転写という），その情報をもとにタンパク質を合成する（翻訳という）重要な役割を果たしている（6章参照）．

この役割を果たすRNAとして，タンパク質合成の情報を伝えるmRNA（メッセンジャーRNA）と，mRNAの指令に基づいてアミノ酸を運搬するtRNA（トランスファーRNA），そしてタンパク質合成の場となるrRNA（リボソームRNA）がある．

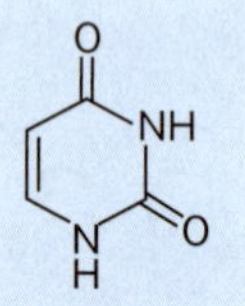

ウラシル(U)

RNAとDNAの基本鎖の違いは，すでに示したように糖がリボースになり（図2・9参照），4種類の塩基のうちチミンTがウラシルUに代わっていることである．RNAではAとU，GとCの塩基の間で水素結合を形成する．また，DNAのように二重らせん構造をとるのではなく，ほとんどの場合，1本の鎖として存在している．

脂　質

脂質（lipid）はエネルギーを貯蔵したり，細胞膜やホルモン，ビタミンなどの原料として重要である．脂質は糖類と同様に，主として炭素，水素，酸素からなるが，細胞膜を構成するリン脂質のように，他の元素を含むものもある．

最も身近な脂質は植物油や動物の脂肪に含まれるものであり，一般に**中**

性脂肪（neutral fat，**トリアシルグリセロール**）といわれる．図 2・11 に示すように，中性脂肪はグリセロール（グリセリン）と 3 個の脂肪酸から水がとれて結合したものである．**脂肪酸**（fatty acid）は，長い直鎖状の炭素骨格の末端にカルボキシ基が付いたものであり，炭素鎖が単結合のみのものを“飽和脂肪酸”，不飽和結合を含むものを“不飽和脂肪酸”という．図 2・12 には，飽和脂肪酸であるステアリン酸と不飽和脂肪酸であるリノール酸の構造を示した．

いずれも 18 個の炭素原子からなり，リノール酸には 2 個の不飽和結合が含まれている．

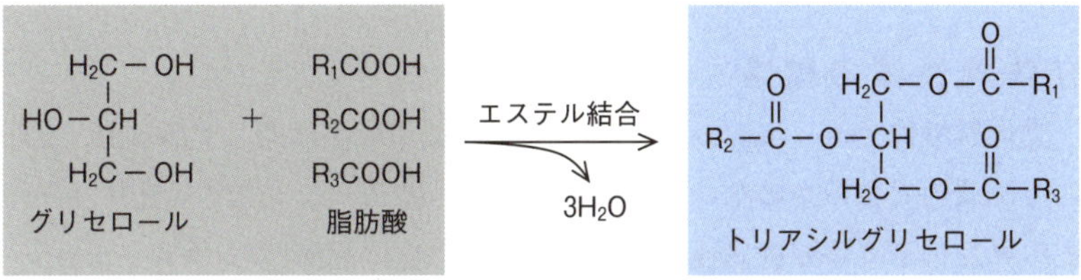

図 2・11　**中性脂肪（トリアシルグリセロール）**

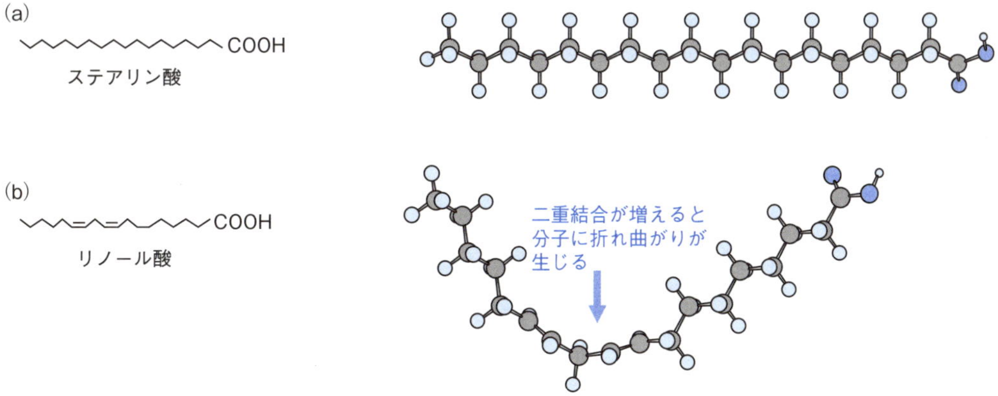

図 2・12　**飽和脂肪酸と不飽和脂肪酸．**（a）ステアリン酸，（b）リノール酸．○ 水素，● 炭素，● 酸素

6 章で見るように，細胞膜は**リン脂質**（phospholipid）からできている．図 2・13 には最も簡単なリン脂質の例を示した．リン酸基 1 個が付いたグリセロールに二つの脂肪酸が結合したものである．

リン酸基は負電荷をもっているので水になじみやすく（親水性），脂肪酸

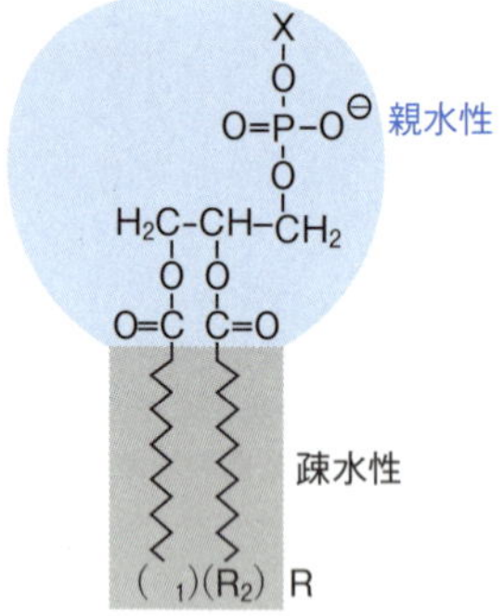

図 2・13　**リン脂質**

有機分子の機能発現と構造とのかかわりは重要である．

有機立体化学好きのネコ君は手と足を動かすだけでいろいろなポーズをとることができ，これらの形は容易に変えられる．このようなポーズ（形）の一つ一つを“立体配座”という．

の炭素鎖は水になじみにくい（疎水性）性質をもつ．この性質を利用して，リン脂質は細胞膜（二分子膜）を形成している．

3．有機分子の立体構造

有機分子は三次元の立体構造をとっている．さまざまな機能の発現は，立体構造と重要なかかわりがある．ここでは，有機立体化学の中核をなす立体異性体について見てみよう．

立体異性体の種類

立体異性体（stereoisomer）とは，原子の並ぶ順序は同じであるが，空間的な配置の異なるものをいう．図 2・14 に示すように，立体異性体は立体配座異性体と立体配置異性体に大別される．**立体配座**（**コンホメーション**，conformation）とは単結合のまわりの回転によって，簡単に相互変換できる分子一つ一つの三次元的な形のことをいう．一方，**立体配置**（configuration）は結合を切断することによってのみ相互変換できる分子の三次元的な形のことをいう．以下，それぞれの異性体について見てみよう．

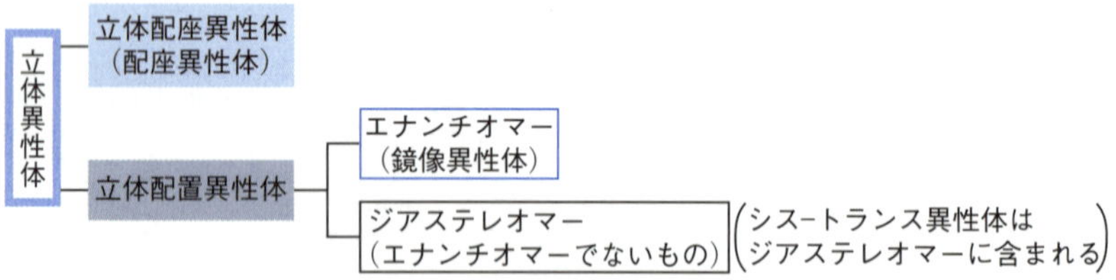

図 2・14　**立体異性体の分類**

立体配座異性体

図 2・15(a) には，エタンを C−C 結合軸まわりで回転した立体配座異性体を示した．ここで，**1**，**3** のように手前の水素と後ろの水素が重なっているものを“重なり形”，**2**，**4** のように手前の水素と後ろの水素が互いに斜

め向かいの，ねじれた位置にあるものを“ねじれ形”という．

エタンでは 60° の回転ごとに重なり形とねじれ形が交互に現れる．

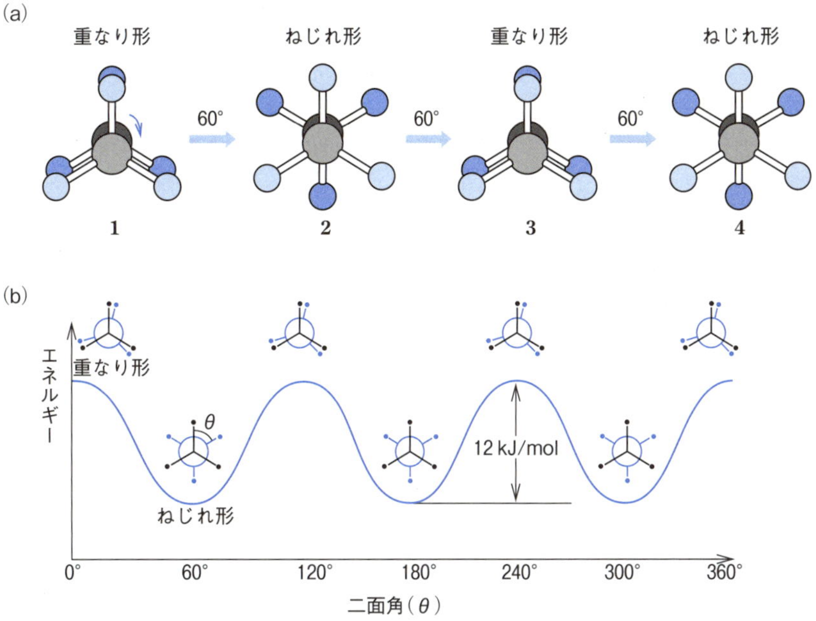

図 2・15　エタンの立体配座異性体 (a) およびエネルギー (b)

エタンはほとんどがねじれ形で存在する．この理由は，図 2・15 (b) に示したように，ねじれ形のほうが重なり形よりもエネルギーが低く，安定なためである．

立体配置異性体

図 2・14 で見たように，立体配置異性体にはエナンチオマーとジアステレオマーがある．

エナンチオマー

図 2・16 はアミノ酸の一種であるグルタミン酸を示した．**A** と鏡に映った **B** は，結合を切断して原子の配置を変えない限り，重ね合わせることはできないので，立体配置異性体である．これは鏡に映った右手と左手の関

エナンチオマーの性質

エナンチオマーでは光学的性質と生理作用が異なる．

エナンチオマーに偏光（振動面がそろった光）を透過させると，それぞれに固有の角度で偏光面が回転する．このような現象を**旋光**（optical rotation）という．

図1に示すように，一組のエナンチオマーは偏光面を同じ大きさで逆方向に回転させることがわかっている．この回転の角度 α を“旋光度”という．偏光面を時計回りに回転させる性質を右旋性といい，(＋) を付けて表す．一方，反時計回りに回転させる性質は左旋性といい，(－) を付けて表す．

たとえば，乳酸には偏光面を時計回りに3.8°回転させるものと，反時計回りに3.8°回転させるものがある．

以上のように，一組のエナンチオマーでは旋光という光学的性質が異なる．

先に見たアミノ酸の一種であるグルタミン酸のナトリウム塩は“うま味”の素であり，広く調味料として利用されている．図2・16に示したように，グルタミン酸にはD体とL体のエナンチオマーが存在する．そのうち，天然に存在するのはL体に限られ，“うま味”を感じるのはこのL体のほうである．一方，D体のナトリウム塩には“うま味”がない．

また，医薬品においては，エナンチオマーの一方のみが効果をもつ場合がある．このため，エナンチオマーの一方を選択的につくること（不斉合成）などが大切であり（5章参照），現在，研究開発が盛んに進められている．

以上のように，一組のエナンチオマーでは味や薬理効果などの生理作用が異なる．

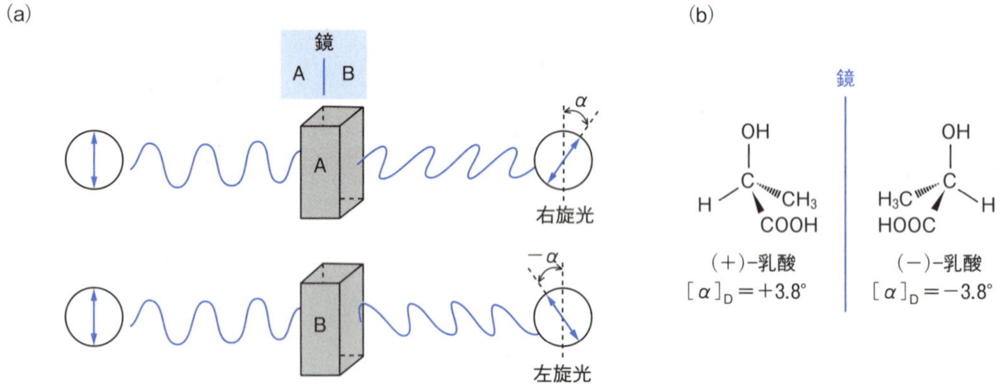

図1　一組のエナンチオマーA，Bの旋光度 (a) および乳酸の旋光度 (b)

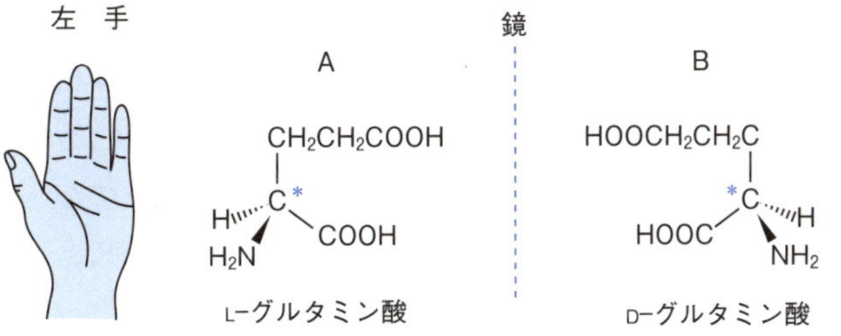

図2・16　**グルタミン酸のエナンチオマー**

図2・16の炭素にはすべて異なる原子（原子団）が付いており，このような炭素を“不斉炭素原子”という．不斉炭素は＊を付けて表すことがある．エナンチオマーになる条件の一つに，不斉炭素をもつことがあげられる．

係と同じである．このような異性体を**エナンチオマー**（enantiomer，**鏡像異性体**）という．

エナンチオマーでは，互いに物理的・化学的性質は同じであるが，光学的性質や生理作用（生物学的性質）が異なるという特徴をもつ（コラム参照）．

エナンチオマーの性質を利用した機能発現については5章参照．

ジアステレオマー

立体配置異性体のうち，エナンチオマーでないものを**ジアステレオマー**（diastereomer）という．シス-トランス異性体はジアステレオマーに含ま

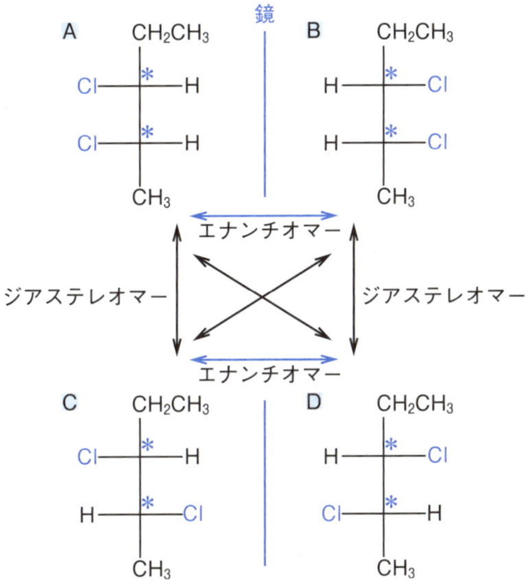

図2・17　**ジアステレオマーとエナンチオマーの関係**

れる．

不斉炭素を２個もつ分子 $CH_3-CH_2-CHCl-CHCl-CH_3$には，４種類の立体配置異性体がある．図２・17 において，分子Ａに注目すると，分子Ｂはエナンチオマーであるが，分子Ｃと分子Ｄはエナンチオマーでないことがわかる．つまり，分子Ｃと分子Ｄは，分子Ａのジアステレオマーに相当する．

さらに図２・17 を見ると，分子Ｃと分子Ｄも互いにエナンチオマーであることがわかる．

ジアステレオマーの物理的・化学的性質はまったく異なる．

つぎに，シス-トランス異性体について見てみよう．二重結合の同じ側に同種の置換基が付いているものを“シス形”，二重結合の反対側に付いているものを“トランス形”といい，このような異性体を**シス-トランス異性体**（*cis-trans* isomer）あるいは**幾何異性体**（geometric isomer）という．

ある種の分子は光や熱によって，シス形⇄トランス形というように立体配置を変化させる．この性質を利用して，分子スイッチなどが開発されている（8 章参照）．

図２・18 には 2-ブテンの例を示した．シス-トランス異性体では物理的・化学的性質は異なるという特徴をもつ．

シス-2-ブテン

融点　−139.3 ℃
沸点　3.73 ℃

トランス-2-ブテン

融点　−105.8 ℃
沸点　0.88 ℃

図２・18　**シス-トランス異性体**

II

有機分子の機能

3 有機分子の光・電子機能

物質は原子からなり，原子は原子核と電子から構成されているが，有機分子の振舞いを決める主役は電子である．電子のやり取りはすべての化学反応の基本である．また，電子は電荷をもつので，電磁波である光と相互作用する．特に，有機分子の特性や機能の点からは，紫外線から可視光あたりのエネルギーをもつ光との相互作用が重要である．有機分子の光・電子機能を理解するために，まずは有機分子中の電子状態から把握しよう．

1. 有機分子の電子状態

1章で，分子中の電子は量子力学の法則に従って分子軌道に入ることを学んだ．分子と光との相互作用や，他の物質との電子のやり取りを理解するためには，分子中の電子の振舞いをより詳しく知っておく必要がある．

分子軌道

分子軌道のエッセンスを復習しておこう．原子に原子軌道（1s, 2s, 2p, ...）があるように，分子には分子軌道が存在し，分子中の電子がこの軌道に入る．

軌道というのは，電子が存在する確率が高い空間という意味である．それぞれの分子軌道はそれぞれ決まった軌道エネルギーをもっている．

原子と原子を結ぶ方向に伸びている軌道，つまり，結合軸に沿って見ると原子軌道の s 軌道のように丸く見える軌道を**σ 軌道**（σ orbital），原子と

σ（シグマ）はギリシャ文字で，s に相当する．
σ 軌道でできた結合，すなわち σ 結合は回転することができる（1 章参照）．

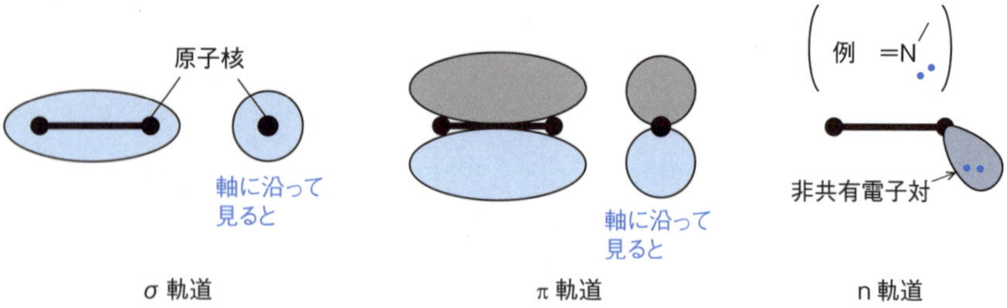

図3・1　σ軌道，π軌道，n軌道

π（パイ）はギリシャ文字で，p に相当する．

原子を結ぶ方向から垂直方向に伸びている軌道，つまり，結合軸に沿って見ると原子軌道の p 軌道のように見える軌道を π **軌道**（π orbital）という（図 3・1）．また，結合に使われていない非共有電子対の軌道は **n 軌道**（n orbital）という．

分子軌道に電子が入る

原子の場合に，原子軌道にエネルギーの低いほうから順々に電子が入っていったのと同じことである．

一つの分子軌道には上向きスピンをもった電子と下向きスピンをもった電子が 1 個ずつ，計 2 個ずつ入る．すべての電子が入るまで，エネルギーの低い軌道から順番に埋まっていく．

電子がエネルギーの低い軌道から順番に詰まった状態が有機分子の普段の状態であり，基底状態という．また，上向きスピンと下向きスピンの数が等しい状態を“一重項状態”というが，ほとんどの有機分子の電子数は偶数で，上向きスピンと下向きスピンが対になって軌道に入っているので，基底状態は一重項である．

HOMO と LUMO

最高占有分子軌道ともいう．

エネルギーの低いほうから順に電子を入れたとき，電子が入っている軌道のうちで最もエネルギーの高い軌道を **HOMO**（ホモ，**最高被占分子軌道**，highest occupied molecular orbital）という（図 3・2）．分子から電子が放出されるときには，真っ先に一番エネルギーの高い HOMO の電子が放出される．

HOMO よりエネルギーの高い軌道は空のまま存在していると考えることができる．その中で最もエネルギーの低い軌道を **LUMO**（ルモ，**最低空

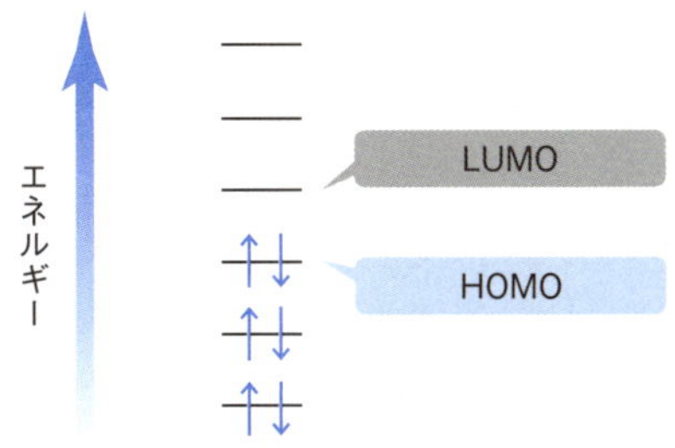

図 3・2　**基底状態の電子配置．** ↑↓ はそれぞれスピンが逆向きの電子

ポイント!

一方の分子の HOMO と他方の分子の LUMO の間の相互作用が化学反応の主要な推進力となる．

上記の概念は故福井謙一氏が提唱したものであり，これらの業績によってノーベル化学賞を 1981 年に受賞した．HOMO および LUMO は最前線にある軌道という意味で“フロンティア軌道”とよばれる．

最低非占有分子軌道ともいう．

分子軌道，lowest unoccupied molecular orbital）という．空の軌道とは電子が詰まっていない軌道のことをいい，電子を受け入れることのできる軌道である．

エネルギーの低いほうの軌道は，分子を構成するそれぞれの原子の近くに引き付けられているので，分子の性質にはあまり影響を与えない．これに対して，HOMO や LUMO は電子のやり取りや光との相互作用に大きくかかわる，分子の特性にとって特に重要な軌道である．

例として，図 3・3 に 4-ニトロアニリンの HOMO と LUMO を示す．とびとびの領地みたいになっているが，たくさん軌道があるわけではなく，HOMO はこれで一つの軌道 (a)，LUMO はこれで一つの軌道 (b) である．

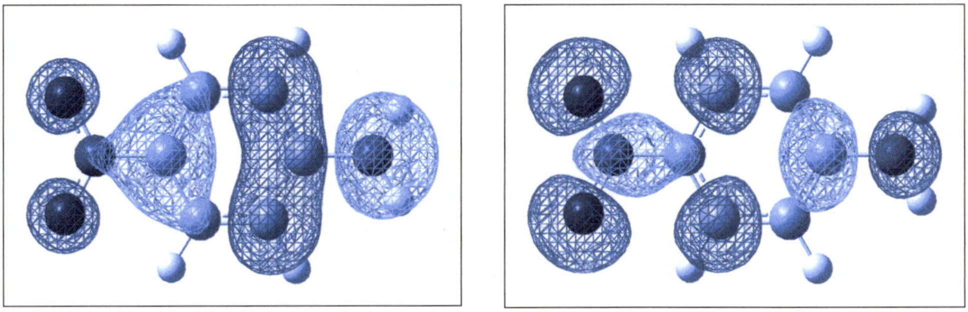

(a)　(b)

図 3・3　4-ニトロアニリンの HOMO(a)と LUMO(b)

2. 分子と光の相互作用

振動する電磁場である光に対し，電荷をもつ電子は敏感に反応する．光と分子の相互作用は，特に紫外線や可視光の場合は，光と電子の相互作用といえる．

光

光（light）は粒子としての性質と波としての性質を両方もっている．

まず波としての性質をまとめておこう．波の1往復の長さが**波長** λ（wavelength）で，単位長さに含まれる波の往復数が**波数**（wavenumber）$\bar{\nu}$ である．図3・4に示すように，λ が $\bar{\nu}$ 回繰返されると単位長さ（長さ＝1）になるから，

$λはラムダ，νはニューと読む．$

$$\lambda\bar{\nu} = 1 \qquad (3 \cdot 1)$$

つまり，波長と波数は互いに逆数の関係にある．

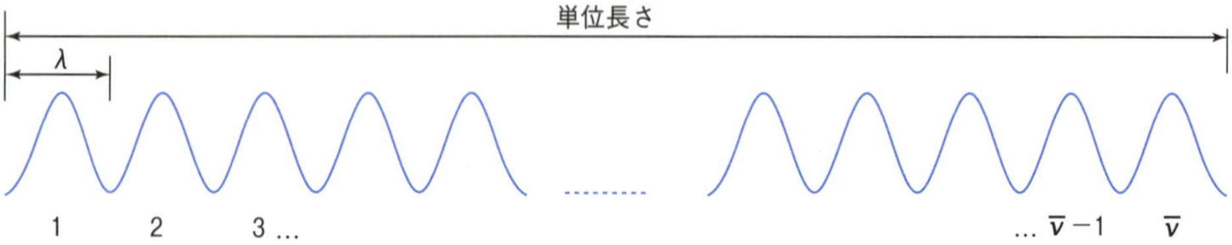

図3・4　波長 λ と波数 $\bar{\nu}$ の関係

振動数（frequency）ν とは，単位時間あたりに波が往復する回数である．光は1往復すると λ だけ進み，単位時間に ν 回往復するので，単位時間に

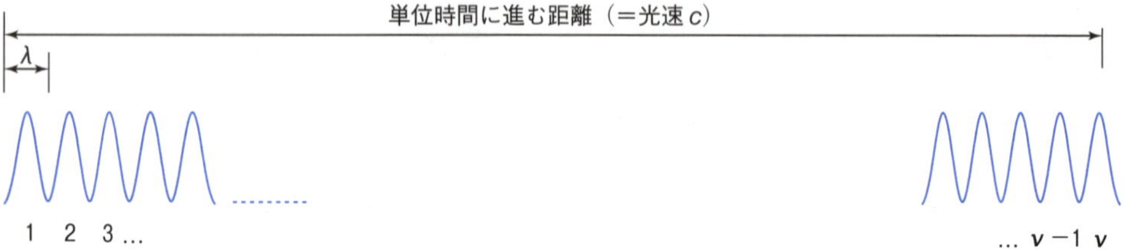

図3・5　波長 λ と振動数 ν と光速 c の関係

$\nu\lambda$だけ進むことになる(図3・5). これが光速 c (= 3.00×10^8 m s^{-1})なので,

$$c = \lambda\nu \qquad (3 \cdot 2)$$

となる.

光を粒子として考えるとき, 1個ずつの光の粒子を**光子**（photon）という. 振動数 ν の光の光子1個のエネルギー E は,

$$E = h\nu \qquad (3 \cdot 3)$$

で与えられる. ここで, h は**プランク定数**（Planck's constant, 6.63×10^{-34} J s）である. 光子のエネルギーは, (3・1)式や (3・2)式を使って, 波長や波数でも表すことができ,

$$E = \frac{hc}{\lambda} = hc\bar{\nu} \qquad (3 \cdot 4)$$

となる.

(3・4)式からわかるように, エネルギーは波長に反比例するので, 波長の長い光はエネルギーが低く, 波長の短い光はエネルギーが高い. エネルギーの高いほうから低いほう, つまり波長が短いほうから長いほうへ, **紫外**（ultraviolet）**光**（400 nm 以下）, **可視**（visible）**光**（400〜800 nm）, **赤外**（infrared）**光**（800 nm 以上）の順となる. このうち目に見える可視光は波長の短いほうから紫, 青, 緑, 黄, 橙, 赤に見える（図3・6）.

波長
　紫外<可視<赤外
エネルギー
　紫外>可視>赤外

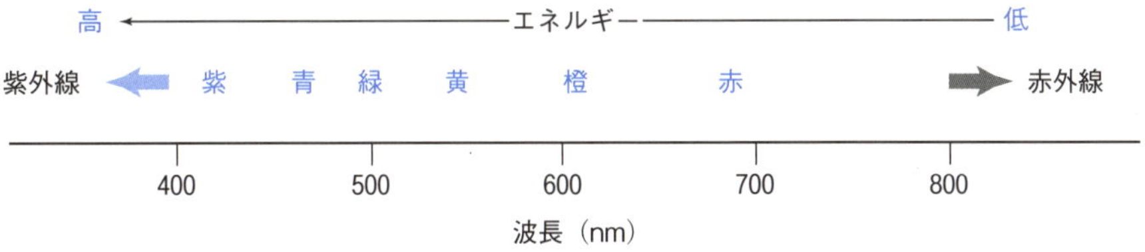

図3・6　**波長と色**

分子は光を吸収して励起状態になる

光子のエネルギーがちょうど良い値のときに, 分子は光子1個を吸収し, "励起状態" とよばれる高エネルギー状態になる（図3・7）. この励起状態は, 占有分子軌道の電子1個が, 非占有分子軌道に移った状態である. その中でも, HOMO の電子1個が LUMO に移動した場合が最もエネルギーが低い状態である. 光を吸収した時点では, 電子のスピンは向きを変えな

光に関する計算での単位の換算

光が関係する式（(3・1)式から（3・4)式）は簡単であるが，いろいろな単位が使われるので，実際に計算しようとすると意外に面倒である．そこで，これらの単位の換算の仕方をまとめておこう．

波長 λ と波数 $\bar{\nu}$ は逆数だが，波長は nm，波数は cm^{-1}で表すことが多い．この場合，(3・1)式から，

$$\bar{\nu} = \frac{1}{\lambda} \times \frac{10^9\ nm}{10^2\ cm} = \frac{1}{\lambda/nm} \times 10^7\ cm^{-1}$$

を用いて換算できる．この式は，$\bar{\nu} = 1/\lambda$（(3・1)式）に $10^9\ nm/10^2\ cm = 1$ を掛けたものである．数値は数値で割り算や掛け算をし，単位は単位で割り算や掛け算をする．λ/nm は，nm 単位で表した波長を nm で割った数値部分のみを表すことにする．たとえば，$\lambda = 500\ nm$ なら，それを nm で割って，$\lambda/nm = 500$ である．波長 500 nm の光の波数 $\bar{\nu}$ は，

$$\bar{\nu} = (1/500) \times 10^7\ cm^{-1} = 20000\ cm^{-1}$$

となる．

波長 λ (nm)の光子のアボガドロ数個 $N_A = 6.02 \times 10^{23}\ mol^{-1}$のエネルギー E（$J\ mol^{-1}$）は，(3・4)式から，

$$\begin{aligned} E &= \frac{hc}{\lambda} N_A \\ &= \frac{6.63 \times 10^{-34}\ J\ s \times 3.00 \times 10^8\ m\ s^{-1}}{\lambda} \\ &\qquad \times 6.02 \times 10^{23}\ mol^{-1} \times \frac{10^9\ nm}{1\ m} \\ &= \frac{1.20 \times 10^8}{\lambda/nm}\ J\ mol^{-1} \end{aligned}$$

たとえば，波長 500 nm の光子の 1 モル分のエネルギーは，

$$E = (1.20 \times 10^8/500)\ J\ mol^{-1} = 240\ kJ\ mol^{-1}$$

となる．

波数 $\bar{\nu}$（cm^{-1}）の光子のアボガドロ数個 N_Aのエネルギー E（$J\ mol^{-1}$）は，(3・4)式から，

$$\begin{aligned} E &= hc\bar{\nu} N_A \\ &= 6.63 \times 10^{-34}\ J\ s \times 3.00 \times 10^8\ m\ s^{-1} \times \bar{\nu} \\ &\qquad \times 6.02 \times 10^{23}\ mol^{-1} \times \frac{100\ cm}{1\ m} \\ &= 12.0 \times (\bar{\nu}/cm^{-1})\ J\ mol^{-1} \end{aligned}$$

たとえば，波数 20000 cm^{-1}の光子の 1 モル分のエネルギーは，

$$E = 12.0 \times 20000\ J\ mol^{-1} = 240\ kJ\ mol^{-1}$$

となる．

エネルギーの単位として eV（エレクトロンボルト）を用いることがある．これは，素電荷（プロトンの電荷，電子の電荷 ×－1）1.60×10^{-19} C を 1 V の電位差に逆らって移動するときに必要なエネルギーなので，

$$1\ eV = 1.60 \times 10^{-19}\ C \times 1\ V = 1.60 \times 10^{-19}\ J$$

である．

波長 λ（nm）の光子のエネルギー E を eV 単位で表すと，

$$\begin{aligned} E &= \frac{hc}{\lambda} \\ &= \frac{6.63 \times 10^{-34}\ J\ s \times 3.00 \times 10^8\ m\ s^{-1}}{\lambda} \\ &\qquad \times \frac{10^9\ nm}{1\ m} \times \frac{1\ eV}{1.60 \times 10^{-19}\ J} \\ &= \frac{1240}{\lambda/nm}\ eV \end{aligned}$$

たとえば，500 nm の光子 1 個のエネルギーは，

$$E = (1240/500)\ eV = 2.48\ eV$$

となる．

波数 $\bar{\nu}$（cm^{-1}）の光子のエネルギー E を eV で表すと，

コラム（つづき）

$$E = hc\bar{\nu}$$
$$= 6.63\times10^{-34}\,\mathrm{J\,s}\times3.00\times10^{8}\,\mathrm{m\,s^{-1}} \times\bar{\nu}\times\frac{100\,\mathrm{cm}}{1\,\mathrm{m}}\times\frac{1\,\mathrm{eV}}{1.60\times10^{-19}\,\mathrm{J}}$$
$$= 1.24\times10^{-4}\times(\bar{\nu}/\mathrm{cm^{-1}})\,\mathrm{eV}$$

たとえば，波数 20000 $\mathrm{cm^{-1}}$ の光子 1 個のエネルギーは，

$$E = 1.24\times10^{-4}\times20000\ \mathrm{eV} = 2.48\ \mathrm{eV}$$

となる．

以上の関係はよく使うので，一覧にしておこう．

$$\bar{\nu} = \frac{1}{\lambda/\mathrm{nm}}\times10^{7}\,\mathrm{cm^{-1}}$$
$$E = \frac{1.20\times10^{8}}{\lambda/\mathrm{nm}}\,\mathrm{J\,mol^{-1}}$$
$$E = 12.0\times(\bar{\nu}/\mathrm{cm^{-1}})\,\mathrm{J\,mol^{-1}}$$
$$E = \frac{1240}{\lambda/\mathrm{nm}}\ \mathrm{eV}$$
$$E = 1.24\times10^{-4}\times(\bar{\nu}/\mathrm{cm^{-1}})\ \mathrm{eV}$$

いので，相変わらず上向きスピンと下向きスピンの数は等しい．このような状態を**励起一重項状態**（excited singlet state）とよぶ．

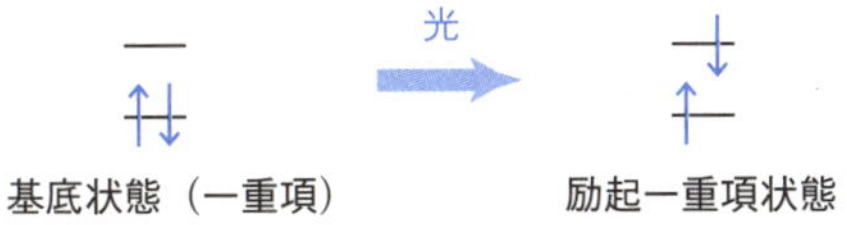

図 3・7　**光吸収による電子状態の変化．** 分子は光吸収によって基底一重項状態から励起一重項状態になる．

励起状態からのプロセス

励起状態はやがて基底状態に戻る．つまり，電子が元の軌道に戻るのであるが，戻り方に何通りかある（図 3・8）．励起一重項から基底状態に戻るとき，そのエネルギーを光として放出する場合があり，この光を**蛍光**（fluorescence）という．一方，光を出さないで基底状態に戻る過程を**無放射失活**（nonradiative decay）という．また，分子によっては励起一重項から，電子がスピンを反転させて二つのスピンが同じ方向を向いた状態になる場合があり，このプロセスを**項間交差**（intersystem crossing）といい，生成するスピンがそろった状態を**励起三重項状態**（excited triplet state）という．励起三重項状態から基底状態に戻る場合にも，光を放出して戻る過程と光を放出しないで無放射失活で戻る場合がある．励起三重項から発

無輻射失活ともいう．

図 3・8 は重要なので，しっかりと頭の中に入れておこう．

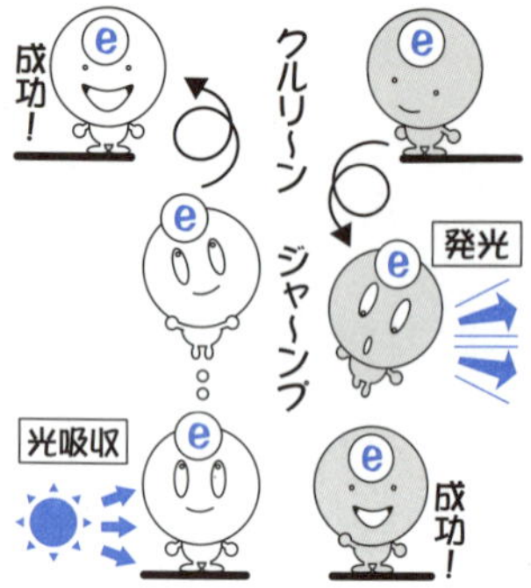

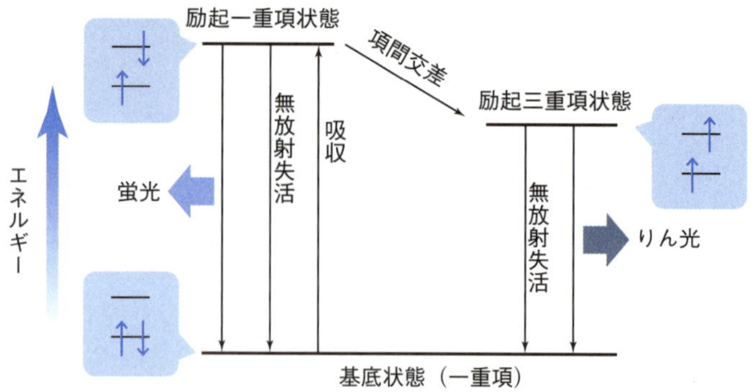

図3・8　**励起状態からのプロセス．** この図の縦軸は分子全体のエネルギーを表す．したがって，横線は軌道ではないので，電子を書き入れてはいけない．ただし，吹き出しの中の横線は，図3・2や図3・7と同じく軌道を表す（だから電子を書き入れてある）．

せられる光を**りん光**（phosphorescence）といい，蛍光と区別される．一般に励起三重項は励起一重項よりもエネルギーが低いので，りん光は蛍光よりも長波長側に現れる．

3. 有機分子の色

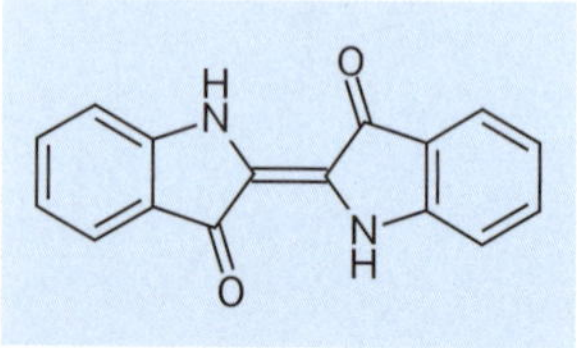

インジゴ． 藍（あい）に含まれる紺色の天然色素．最も古くから用いられた染料のうちの一つで，ブルージーンズの青として広く用いられる．吸収極大波長は600 nm.

身のまわりには色があふれている．色を出すというのは重要な機能で，有機分子が中心的に使われている．溶媒に溶ける色素を染料，溶けずに分散して使う色素を顔料といって区別するが，どちらにも多くの有機色素が用いられる．色素として有機分子が有利な理由は，たとえば，置換基を代えると色の微調整ができることや，さまざまな用途に多様な分子構造で対応できることにある．

色には発光によるものと吸収によるものがある

色として認識される方式には2通りある．一つは，物質が自分で**発光**（luminesence）している場合であり，その光自体の色が目によって認識される（図3・9a）．太陽や電気のライトなどがこれにあたる．有機分子の場合，蛍光やりん光の色は，その光自体の色である．それに対して，物質が自分では光を発しなくても色が見えるのは，可視光の波長の一部を物質が

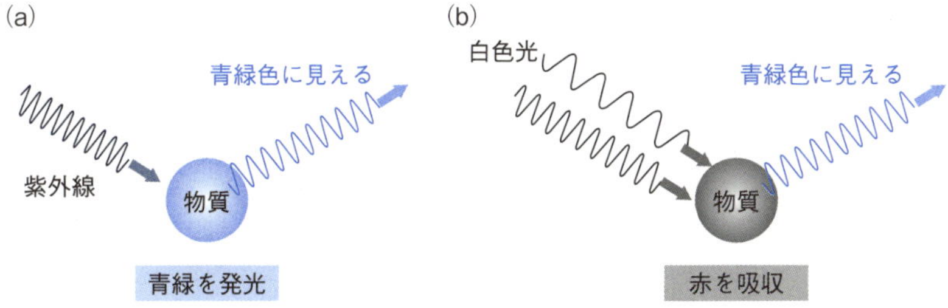

図 3・9　発光による色(a) と吸収による色(b)

私たちは吸収された光の色の“補色”を見ている．補色とは二つの色を混ぜ合わせたときに白色光になる互いの色のことをいう．

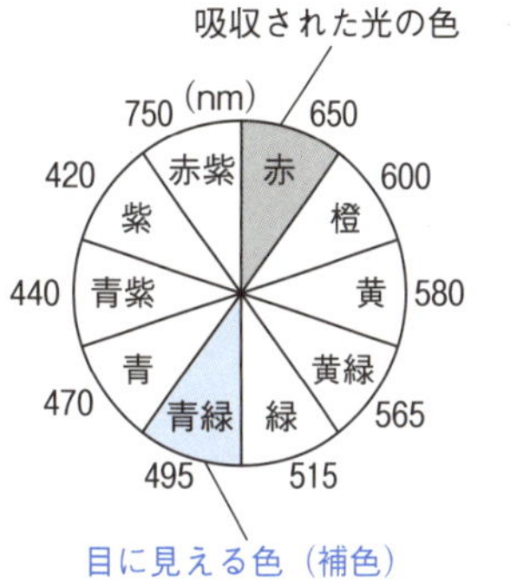

吸収（absorption）する場合である（図 3・9b）．この場合，吸収されずに，反射したり透過した光が目に入って，色として認識される．たとえば，赤を吸収する物質は青緑色に見える．

有機分子の光吸収

有機分子の中では σ 軌道中の電子は，特定の原子の間にしっかりと引き付けられているので，可視光程度のエネルギーでは空軌道に移ることはできず，励起状態にならない．したがって可視光は吸収されず，すべて透過または反射されるので色は付かない．

一方，p 軌道をもった原子が連続して結合した分子では，多くの原子間に広がった π 軌道が形成される．このように，軌道が分子全体にわたって広がることを**非局在化**（delocalization）という．非局在化した軌道をもつ分子は，占有軌道と非占有軌道間のエネルギー差が小さく，エネルギーの小さい可視光を吸収する．このような分子には，二重結合が一つおきに並んだ構造が含まれており，これを**共役系**（conjugated system）という．

共役系の π 電子エネルギー準位については図 7・4 参照．

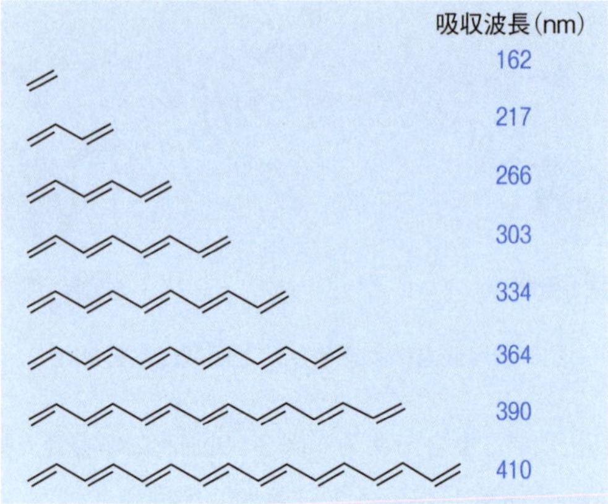

図 3・10　共役系の長さと吸収波長

ポイント!

共役系が伸びれば，HOMO–LUMO間のエネルギー差は小さくなる．このエネルギー差から共役系の長さ，つまり二重結合の数を求めることができる．

図 3・10 に共役二重結合をもつ一連の分子の吸収波長を示した．共役系が伸びるほど，吸収波長が長波長シフトすることがわかる．

吸収スペクトル

分子の光吸収は，**吸光度**（absorbance）を波長に対してプロットした**吸収スペクトル**（absorption spectrum）で表される．吸収スペクトルの例を図 3・11 に示す．吸光度 A は，照射した光（光子数）のうち 10^{-A}だけが透過したことを示す．

たとえば，$A = 0$ は全く吸収されないことを，$A = 1$ は 1/10 が透過して 9/10 が吸収されたことを，$A = 2$ は 1/100 が透過して 99/100 が吸収されたことを示す．

吸光度は理想的な条件下では濃度に比例するので，濃度 1 mol L^{-1}あたりの吸光度に換算した値で示すこともある．1 mol L^{-1}あたりの吸光度を**モル吸光係数**（molar absorption coefficient）ε といい，物質と波長によって決まる固有の値となる．

吸光度 A と試料のモル濃度 c，セル中を通過する光の光路長 l の間には（図 3・1 参照），

$$A = \varepsilon c l$$

が成り立つ．これを**ランベルト-ベールの法則**という．通常 ε は L mol^{-1} cm^{-1}，l は cm の単位が用いられる．

図 3・11 の例において，220 nm から 340 nm や 350 nm から 450 nm の山を**吸収帯**（absorption band），260 nm や 390 nm を**吸収極大波長**（wavelength of absorption maximum）あるいは**ピーク波長**という．横軸の波長は，基底状態と励起状態のエネルギー差に対応し，吸収のエネルギーは短波長側で大きく，長波長側で小さい．

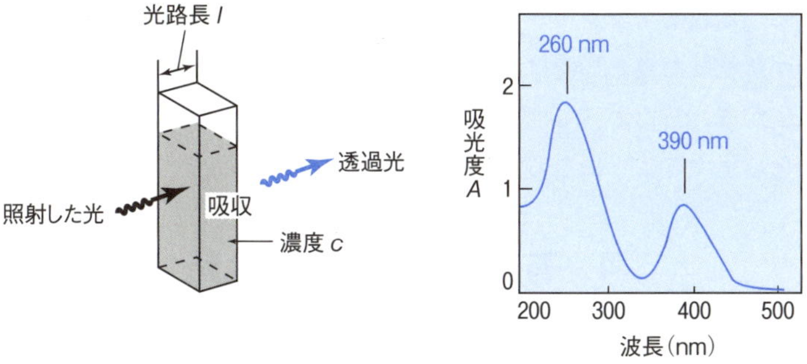

図3・11 **吸収スペクトル**

酸塩基指示薬

pH滴定では，酸性水溶液に**酸塩基指示薬**（pH indicator）を入れておいて，塩基性水溶液を1滴ずつ加えていくと，ある時点で劇的に水溶液の色が変化する．

塩基性水溶液に酸性水溶液を加えてもいい．

酸塩基指示薬には，酸形のときと塩基形のときに異なる色を示す有機分子が用いられる．たとえば，図3・12に示したブロモクレゾールグリーンという酸塩基指示薬は，pH 4.7では酸形と塩基形が1：1で存在するが，pH 4.7以下では酸形をとり黄色を，pH 4.7以上では塩基形をとり青緑色を呈する．

酸形では，矢印で示した中央の炭素が sp^3 混成をとっており，π軌道のもとになるp軌道が存在しないので，π共役系はここで切れている．このため，三つのベンゼン環がそれぞれ独立した小さなπ系として振舞う．した

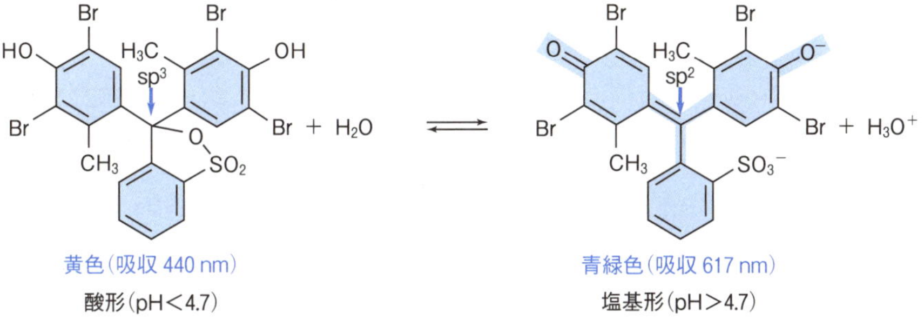

図3・12 **ブロモクレゾールグリーン**

pH を測るのに，酸または塩基である酸塩基指示薬を加えると，そのこと自体によって pH は変らないのだろうか．当然，その通りなのであるが，酸塩基指示薬は試料の酸または塩基の量に対して，ごく微量だけ加えるので影響はないのである．

がって，比較的エネルギーの高い短波長しか吸収しない．ところが，プロトンが解離した塩基形では，中心炭素が sp^2 混成に変わり，π 軌道が分子全体に広がる．したがって，吸収波長がエネルギーの低い長波長へシフトし，青緑色を呈するようになる．

4. 有機分子の酸化還元

酸化還元は電子のやり取りである．したがって当然，分子軌道が中心的な役割を果たす．

酸化還元と分子軌道

酸化還元のことを，英語の還元と酸化の頭の部分を組合わせて**レドックス**（redox）ともいう．

酸化（oxidation）とは電子を失うことであり，**還元**（reduction）とは電子を得ることである．

分子 A から分子 B へ電子が移ったら，A は酸化され，B は還元されたことになる．「B は A を酸化した」，「A は B によって酸化された」，「A は B を還元した」，「B は A によって還元された」という表現はすべてつぎの同じ反応を表している．

$$A + B \longrightarrow A^{+} + B^{-} \qquad (3 \cdot 5)$$

ポイント!

酸化還元は HOMO–LUMO 間の電子移動として理解できる．

この場合，電子は分子 A の最もエネルギーの高い軌道である HOMO から，分子 B の空いている軌道の中で最もエネルギーの低い軌道である LUMO へ移動する（図 3・13）．

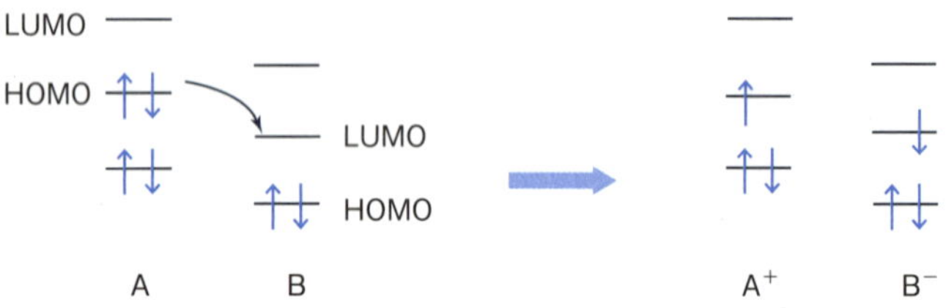

図 3・13　酸化還元反応

酸化還元電位

酸化還元のしやすさは**酸化還元電位**（redox potential）で表される．酸

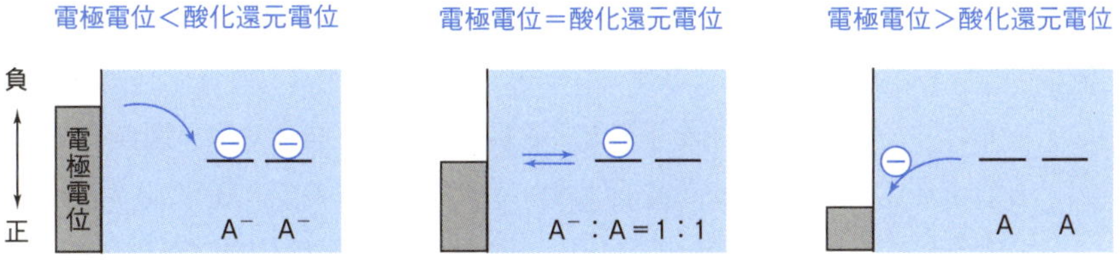

図 3・14　電極電位と分子の酸化還元電位. 電位は負を上に，正を下に描く.

化還元電位とは，ある酸化還元対 A/A$^-$（または A$^+$/A）の溶液に電極で電位をかけて酸化還元反応を起こし平衡に達したときに，A と A$^-$（または A$^+$と A）が 1：1 になるような電位である．酸化還元電位より負の電位をかけると還元が進み A$^-$が増え，より正の電位をかけると酸化が進み A が増える．図 3・14 のように，電位の負を上向きにとった図を描くと，電子は低いほうへ流れることになって，直感的に理解しやすい．

つぎに，分子間の酸化還元を見てみよう．下記の二つの還元反応を考え，それぞれの酸化還元電位を E_A，E_Bとする．

化学反応としての酸化と還元

本文で述べた，酸化還元の基本的な定義：

・酸化：電子を失うこと．
・還元：電子を得ること．

以外にも，有機化学でよく用いられる，化学反応としての酸化と還元に適用されるつぎのような定義がある．

・酸化：酸素（または電気陰性度の大きい原子）が付加する反応，あるいは水素が脱離する反応
・還元：水素が付加する反応，あるいは酸素（または電気陰性度の大きい原子）が脱離する反応

この定義による酸化還元反応には，たとえば，

$$CH_4 \underset{還元}{\overset{酸化}{\rightleftarrows}} CH_3OH$$

がある．

ここで炭素に比べて，酸素など電気陰性度のより大きい原子が付加するとき炭素の電子が酸素に奪われると考えれば，酸素が付加する反応を“酸化”とよんで差し支えないことがわかる．一方，水素は電気陰性度が炭素より小さいので，炭素に水素が付加するとき炭素が水素から電子を受取ると考えれば，水素が付加する反応を“還元”とよんで差し支えないことがわかる．

本文中の定義では，分子とその外部との電子のやり取りが対象であるのに対し，このコラム中の定義では，一つの分子中での炭素とその他の部分との電子のやり取り（偏り）が対象となっている点に違いがある．

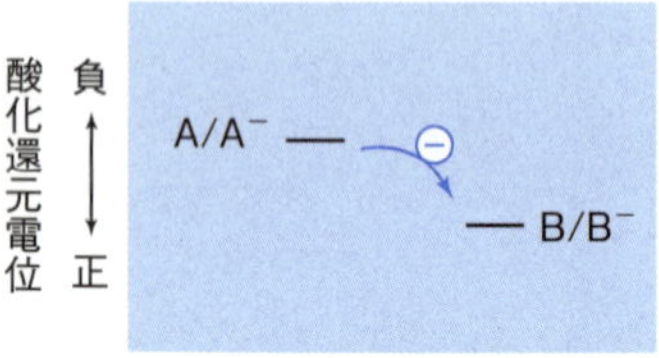

図 3・15　酸化還元電位と酸化還元反応

$$A + e^- \longrightarrow A^- \qquad E_A \qquad (3・6)$$

$$B + e^- \longrightarrow B^- \qquad E_B \qquad (3・7)$$

やはり，負を上に，正を下にとった図をつくる（図 3・15）．図のように，もし $E_A < E_B$ であれば，電子は低いほうに流れるので，A^- と B が存在するときに，反応 $A^- + B \rightarrow A + B^-$ が進行する（A と B だけが存在するときは，移動する電子がないので反応は起こらないし，A^- と B^- だけが存在するときも，電子を受け入れる軌道が空いていないので反応は起こらない）．

図 3・13 の分子軌道のエネルギーの図と図 3・15 のような酸化還元電位の図とよく似ていることに気が付くだろう．実際これらは密接に関連していて，エネルギーの 1 eV が酸化還元電位の 1 V に対応する．

有機分子の酸化還元，つまり電子の授受には，プロトンの授受が伴うことも多い．このような場合はプロトンの濃度，つまり pH によって酸化還元電位も変化する．例として，キノンの還元反応を示した（6 章参照）．

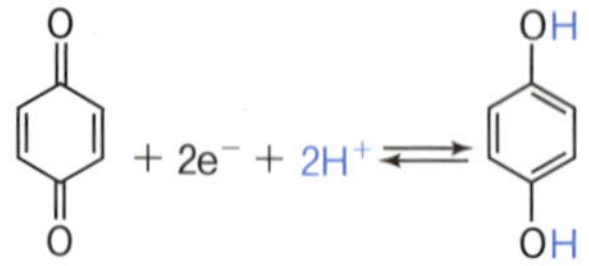

5. フォトクロミズム

“クロミズム”とは，可逆的に物質の色が変化する現象のことであり，その中で**フォトクロミズム**（photochromism）とは，光を吸収することによって，色が変わる現象のことをいう．分子は光を吸収すると励起状態になるが，フォトクロミズムを示す分子では，そのまま基底状態に戻らないで，分子構造が変わる反応が起こる．

アゾベンゼン

最も有名なフォトクロミック分子が**アゾベンゼン**（azobenzene）で，最も安定な状態では二つのベンゼン環が窒素–窒素二重結合に対して反対側にある“トランス”体として存在している．300 nm 付近の光を照射し，$\pi\pi^*$ 吸収帯を励起すると，励起状態から異性化が進行して二つのベンゼン環が窒素–窒素二重結合に対して同じ側に存在する“シス”体になる（図 3・16）．シス体は電子的には基底状態であるが，トランス体よりエネルギーの高い準安定状態であり，放置しておくと徐々にトランス体に戻る．あるいは，380 nm 以上の光を照射し，$n\pi^*$ 吸収帯を励起すると，ある割合で速やかにトランス体に戻る．

$\pi\pi^*$ 吸収帯とは，吸収スペクトルにおいて，π 軌道の電子が π^* 軌道（空いた π 軌道）へ励起される波長付近に現れる吸収帯のことである．同様に，$n\pi^*$ 吸収帯とは，n 軌道の電子が π^* 軌道へ励起される波長付近に現れる吸収帯のことである．

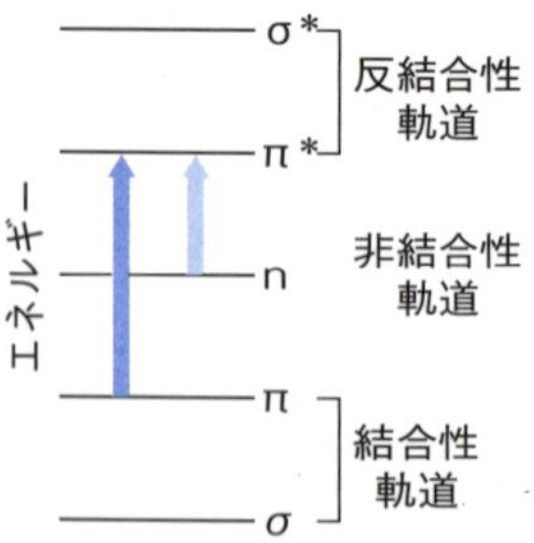

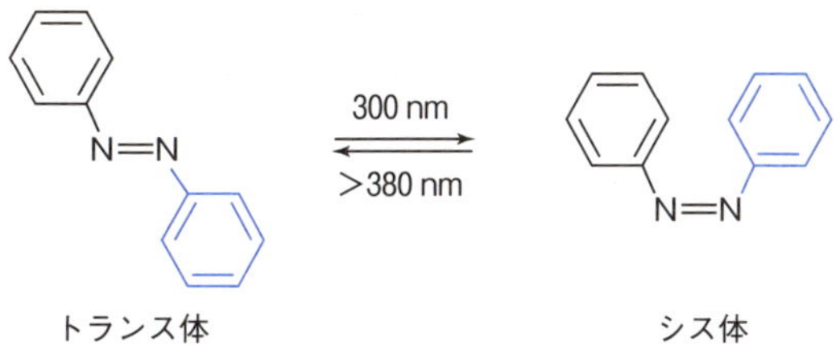

図 3・16　アゾベンゼンの光異性化

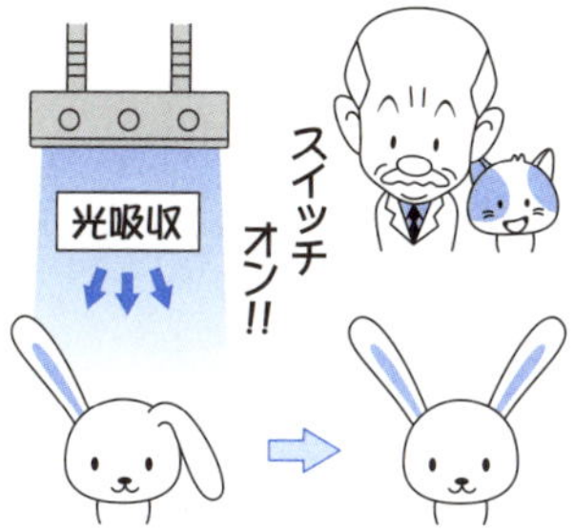

アゾベンゼンはトランス体とシス体の構造の変化が大きいので，光に応答する分子スイッチなど，アゾベンゼンを使った興味深い研究が進められている（8 章参照）．ただし，せっかく光照射してつくったシス体は室温でも徐々にトランス体に戻ってしまうので，完全に光だけで二つの状態を制御したい場合には不都合である．

ジアリールエテン

これに対して**ジアリールエテン**（diarylethene）には，熱では変化せず光のみに応答し，しかも繰返し光異性化させてもほとんど劣化しない誘導体が知られている．ジアリールエテンは無色の開環体と着色した閉環体の間を光異性化する（図 3・17）．開環体は，チオフェン環のメチル基の立体障害のために，分子がねじれていて，共役系がそれぞれのチオフェン環に分断されている．このため，紫外線しか吸収しない．それに対して，閉環体では，分子中央部分にチオフェン環どうしの結合ができて，分子全体が平面に近くなり，共役系が大きく広がる．このため，HOMO−LUMO 間のエネルギー差が小さくなり，可視部に大きな吸収を示す．

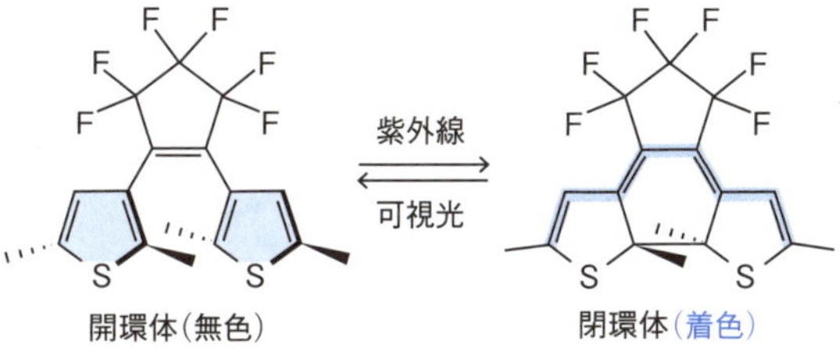

図 3・17　ジアリールエテンの光異性化

6. エネルギー移動と電子移動

ある分子が励起状態にあり，その近辺に別の分子があった場合に起こりうるプロセスにエネルギー移動と電子移動がある．これらは，分子集合体におけるエネルギー変換や情報伝達システムの基本となるプロセスである．

エネルギー移動

分子 A が光吸収によって励起状態 A^* ができる．

$$A + 光 \longrightarrow A^* \tag{3・8}$$

そのとき，近くに A^* と同じか低い励起エネルギーをもつ B が存在すれば，B に**エネルギー移動**（energy transfer）し，B^* ができる（図 3・18a）．このとき，A^* は基底状態 A に戻る．

$$A^* + B \longrightarrow A + B^* \tag{3・9}$$

エネルギー移動には 2 通りの機構がある（図 3・18b）．一つは，$A^* \rightarrow A$ に遷移するときの電気的な変化がまわりの溶媒に満たされた空間を介して B に伝わり，$B \rightarrow B^*$ が起こるものである．

図 3・18(b)の左図の機構は**クーロン**(Coulomb)**機構**，**双極子**(dipole)**機構**，**スルースペース**(through-space)**機構**，**フェルスター**(Förster)**機構**，あるいは**蛍光共鳴移動**(fluorescence resonance transfer, FRET)などとよばれるが，どれもほぼ同じ意味である．

図 3・18(b)の右図の機構は**交換**(exchange)**機構**，**スルーボンド**(through-bond)**機構**，あるいは**デクスター**(Dexter)**機構**とよばれる．

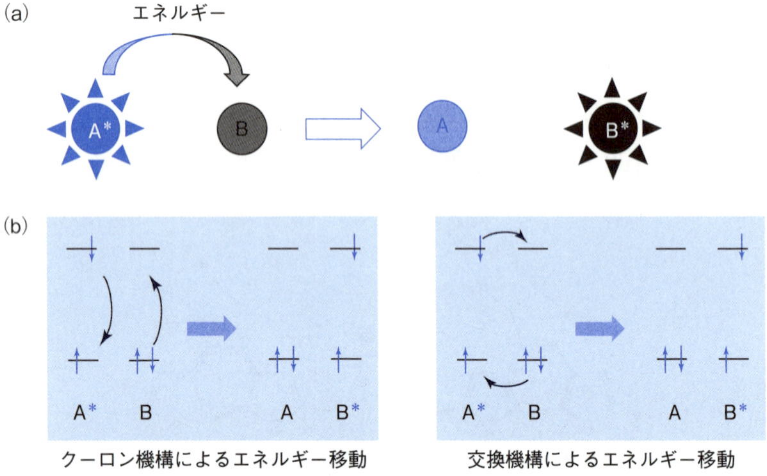

図 3・18　エネルギー移動の模式図(a) およびその機構(b)

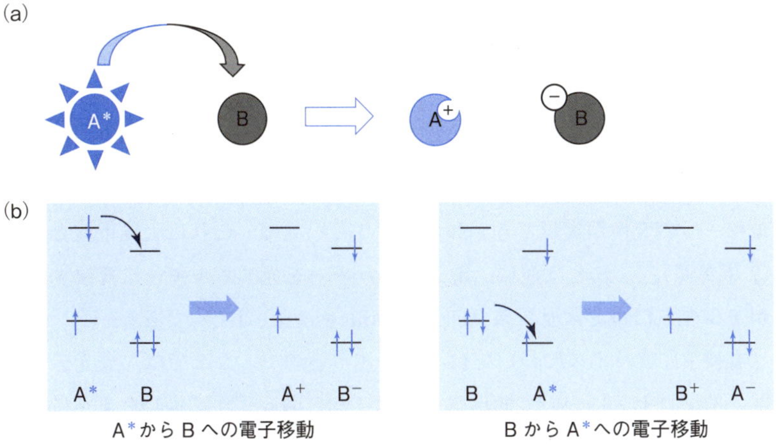

図 3・19　電子移動の模式図(a) およびその機構(b)

もう一つは，A^*の励起電子が B の空軌道に移動し，B の電子が A^*の空いた占有軌道に移動する，つまり電子を交換するものである．電子交換は分子軌道を通して起こるので，この機構でエネルギー移動が効率よく起こるためには，軌道の重なりが重要になる．

電 子 移 動

もし，A^*ができたときに B が電子を受容する性質をもてば（B/B^-の酸化還元電位が，A^+/A^*の酸化還元電位より正側なら），$A^* \rightarrow B$ に**電子移動**（electron transfer）が起こる（図 3・19a）．

A^+/A^* の酸化還元電位は A の励起状態 A^*が酸化される電位である．

$$A^* + B \longrightarrow A^+ + B^- \qquad (3 \cdot 10)$$

あるいは，A^*ができたときに B が電子を供与する性質をもてば（B^+/B の酸化還元電位が A^*/A^-の酸化還元電位より負側なら），$B \rightarrow A^*$ に電子移動が起こる．

$$B + A^* \longrightarrow B^+ + A^- \qquad (3 \cdot 11)$$

これらの電子移動と分子軌道のエネルギーの関係を図 3・19（b）に示した．このように，光によって生成した A^*からあるいは A^*へ電子移動が起こるとき，このプロセスを**光誘起電子移動**（photoinduced electron transfer）という．

7．エレクトロルミネセンス

光誘起電子移動では，光エネルギーによって電子が移動する．ここで，移動した電子を電極によって外部に取出せば，光エネルギーから電気エネルギーへの変換が実現でき，わかりやすくいえば，これは太陽電池となる(7 章参照)．これとは逆に，電気エネルギーを光エネルギーに変換するのが**エレクトロルミネセンス**（electroluminescence, **EL**）である．

有機 EL デバイスについては 7 章で述べるので，ここでは，発光分子の電子的プロセスについて簡単に見ておこう．図 3・20 に示したように，発光分子 A の HOMO の電子が隣の分子に取られ，同時に別の分子から LUMO に電子を加えられると，A の励起状態 A* が生成することがわかる(図 3・20 の中央)．光励起のように HOMO の電子を LUMO にもち上げていないのに，結果的に同じ励起状態になるところがポイントである．後は通常の励起状態プロセスが起こるが，励起電子が元の軌道に戻るときに発光すれば，エレクトロルミネセンスが観察される．

電極の間に分子をはさんで，このような状況をつくり出すのが EL デバイスである．

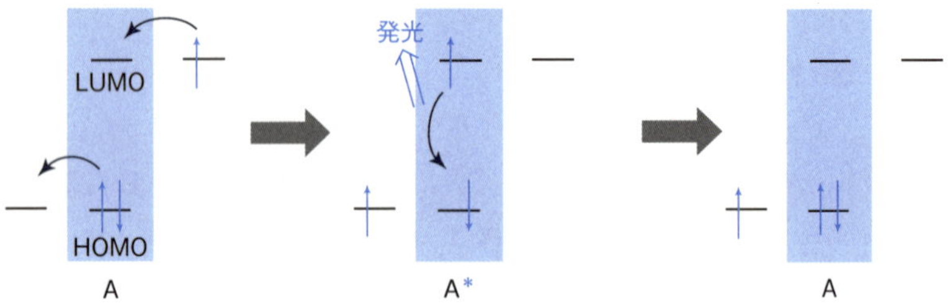

図 3・20　エレクトロルミネセンス

4 さまざまな分子集合体

有機分子は互いに集まることで，より多様な機能を発揮する．集まり方は分子構造と環境によって決まり，さまざまなタイプの分子集合体を形成する．有機分子は単に集まるだけではなくて，数多くある分子の中から特定の分子だけを認識して結合したり，分子中の特定の場所に，特定の向きで結合したりもする．まず，これらの原因となる分子間相互作用から見ていこう．

ポイント!

分子と分子の相互作用とそこから発現する機能に焦点を当てた化学の分野を，分子を超えた化学という意味で，**超分子化学**（supramolecular chemistry）という．

1. 分子間相互作用

原子と原子が共有結合して，分子ができるように，分子と分子も相互作用して，互いに集まったり結合したりする．これは分子と分子の間に働く相互作用のためで，これを**分子間相互作用**（intermolecular interaction）あるいは**分子間力**（intermolecular force）という．

このように，「相互作用」と「力」は，しばしば同じ意味を表すのに用いられる．

共有結合と分子間相互作用

分子内の共有結合も分子間相互作用も根本的には，すべて原子核の正電荷と電子の負電荷の間の静電相互作用によるものである．ただし，共有結合と分子間相互作用には大きな違いが二つある．

一つは相互作用の大きさで，共有結合の結合エネルギーは数 100 kJ mol^{-1}であるのに対し，分子間相互作用のエネルギーは数 10 kJ mol^{-1}程度である．

もう一つは結合の可逆性で，共有結合は普通はつながったままであるのに対し，分子間相互作用による分子間の結合は付いたり離れたりすることができる．

分子間相互作用の分類

分子間相互作用の種類とその特徴をしっかりと覚えておこう．

分子は，その電荷の状態によって，① 正または負の電荷をもつイオン，② 全体としては電荷をもたないが，分子のある部分が正に，別の部分が負になるように電荷が偏っている（**分極**（polarization）しているという）極性分子，③ ほとんど電荷の偏りがない無極性分子に分類できる．これらの分子の間に働く分子間相互作用を図4・1にまとめた．

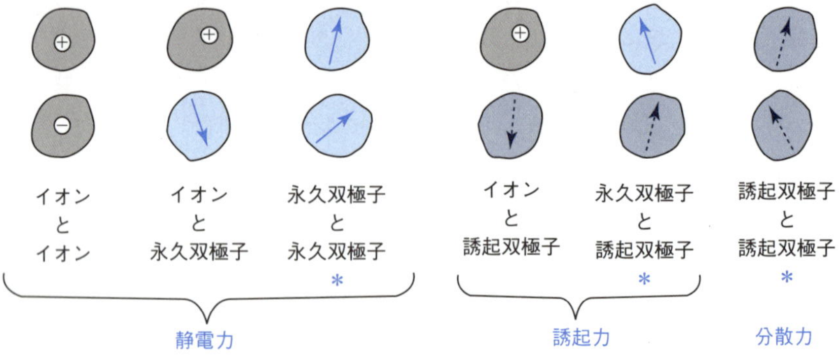

図4・1　**イオン，極性分子，無極性分子と分子間相互作用．** ⊕と⊖はそれぞれカチオンとアニオンを，実線の矢印は永久双極子を，破線の矢印は誘起双極子を表す．＊はファン デル ワールス相互作用

イオンとイオンの間には**静電相互作用**（electrostatic interaction，**クーロン相互作用**（Coulomb interaction）ともよばれる）が働く．電荷が正と負であるなら互いに引き合うし，正と正または負と負であるなら互いに遠ざかろうとする．

一般に正電荷と負電荷の分布に偏りがあるとき，双極子をもつという．

極性分子は**双極子**（dipole）をもち，双極子は負電荷から正電荷の方向を向いた矢印で表す．たとえばカチオンが極性分子に近づくと負電荷の部分が近づいて引力が働く．極性分子どうしは，一方の分子の正電荷の部分と他方の分子の負電荷の部分が近づいてやはり引力が働く．このような双極子がかかわる相互作用も，静電相互作用に分類される．

もともと電荷の偏りがほとんどない無極性分子でも，イオンや双極子が近づくと，その影響で電子の分布が偏って双極子が誘起される．これを**誘起双極子**（induced dipole）という．そして，近づいたイオンや双極子と誘起双極子との間に引力が働く．このような相互作用を誘起相互作用という．

誘起双極子に対して，分子が元からもっている双極子を"永久双極子"という．

無極性分子どうしでさえ，互いに近づいたときに一方の電子分布が偏って，それに応じてもう一方の電子分布が偏るので，やはり引力が働く．この力を**分散力**（dispersion force）という．

いま述べた分子間相互作用のうち，中性分子間の相互作用（図中で＊印を付けたもの）の大きさはすべて分子間距離の6乗に反比例する．このような相互作用を**ファン デル ワールス相互作用**（van der Waals interaction）という．

以上のような分類とは別に，場面に応じて分子間相互作用を表す用語（たとえば，水素結合）が用いられる．

水素結合

分子どうしが引き合っていて，その間に水素原子がかかわる場合，その結合を**水素結合**（hydrogen bond）という．強い水素結合が働くのは窒素や酸素に結合した水素と，窒素や酸素の間である．窒素や酸素は電気陰性度が大きいので，これらの原子が負，水素が正になるように分極している．窒素あるいは酸素の部分負電荷と水素の部分正電荷の間の静電相互作用が水素結合である．

$$N^{\delta-}-H^{\delta+}\cdots\cdots N^{\delta-}\qquad N^{\delta-}-H^{\delta+}\cdots\cdots O^{\delta-}$$
$$O^{\delta-}-H^{\delta+}\cdots\cdots N^{\delta-}\qquad O^{\delta-}-H^{\delta+}\cdots\cdots O^{\delta-}$$

ここで，水素を供与する側（－NH や －OH）を**水素結合ドナー**（hydrogen bond donor），水素を受容する側（N や O）を**水素結合アクセプター**（hydrogen bond acceptor）という．

水素結合で有名なものに，6章で述べるDNA中の核酸塩基のアデニンとチミン，シトシンとグアニンの間の水素結合がある．

このおかげで遺伝情報が細胞から細胞へ，世代から世代へと伝えられる．

配位結合

配位結合（coordination bond）とは，原子間で結合をつくるときに，互いに電子を出し合うのではなくて，一方の原子が電子対を出して，それを共配位結合の例．窒素上の非共有電子対が鉄イオンに供与されて結合が形成される．

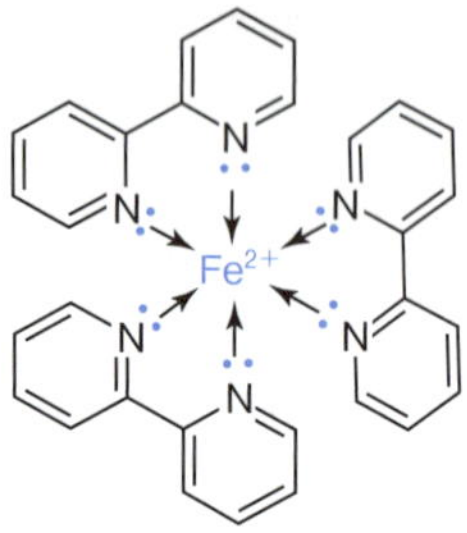

有してできる結合のことであって，共有結合の一種とみなすことができる．配位結合という言葉は，金属イオンに対して有機分子が電子対を供与してできる結合に対して用いられることが多い．通常の共有結合と同程度の強い結合もあれば，水素結合のような分子間相互作用と同程度の弱い結合まで，さまざまな配位結合が存在する．弱い配位結合は，溶液中で速い速度で付いたり離れたりするなど，他の分子間相互作用と同じような性質も示す．

ドナー・アクセプター相互作用

電子を出しやすい分子（イオン化エネルギーの小さい分子，あるいは酸化されやすい分子といっても同じことである）と電子を受取りやすい分子（電子親和力の大きな分子，あるいは還元されやすい分子といってもよい）を混ぜると，電子を出しやすい分子から電子を受取りやすい分子へ部分的に電子が移動して結合することがある．この場合，電子を出す分子を**ドナー**（donor）または**供与体**，電子を受取る分子を**アクセプター**（acceptor）または**受容体**といい，この相互作用を**ドナー・アクセプター相互作用**（donor–acceptor interaction）または**電荷移動相互作用**（charge–transfer interaction）という．

相互作用の源としては，電子が移動することによって，部分的な正電荷と負電荷を生じるのでこの間の静電相互作用も働くが，ドナーの分子軌道とアクセプターの分子軌道が重なって新しい安定な軌道ができるという寄与も働く．

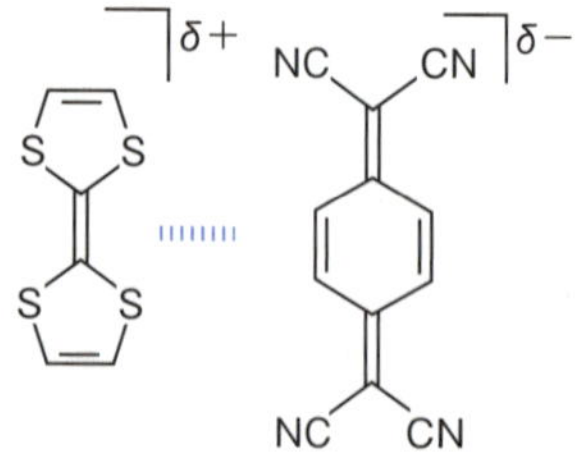

TTF　　TCNQ

TTFというドナーと TCNQ というアクセプターは電荷移動錯体を形成するが，7 章で述べるように，この組合わせは最初に発見された有機伝導体であり，有機物質でありながら電気を流すことができる．

疎水性相互作用

極性官能基（－OH，－NH_2，－COOH など）をあまりもたないで，分子の大部分が炭化水素（ベンゼン環やアルキル基など）が占めるような分子は，電荷の偏りが小さい無極性分子である．このような無極性分子（いわゆる油とよばれる）は水と混ざり合わず，油滴となったり水から分離した油の層をつくる．あたかも無極性分子どうしが結合しているように見えるが，実はこの場合，油滴または油層を形成するおもな駆動力は水の水素結合である．

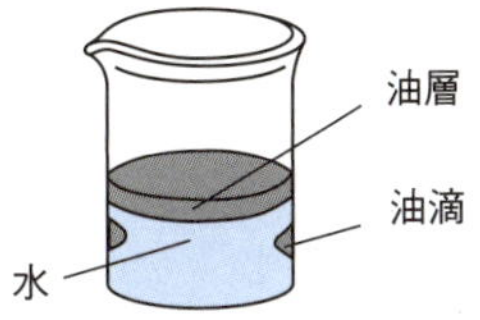

無極性分子が水の中に入ると，そのまわりを取囲んでいる水分子の水素結合の可能な構造の場合の数が減ってしまう，すなわちエントロピーが減少してしまう（エントロピーについては，「7. 錯体形成の熱力学」参照）．そこで，できる限り油と接する面積を小さくしようとして水分子どうしが集まろうとし，結果的に油がはじき出されて集まることになる．水を避けるようにして無極性分子が集まることから，このような相互作用を**疎水性相互作用**（hydrophobic interaction）とよぶ．

2. 有機分子の集合状態

分子は低温では固体，ある温度以上になると液体，さらに温度が高くなると気体になる（図4・2）．

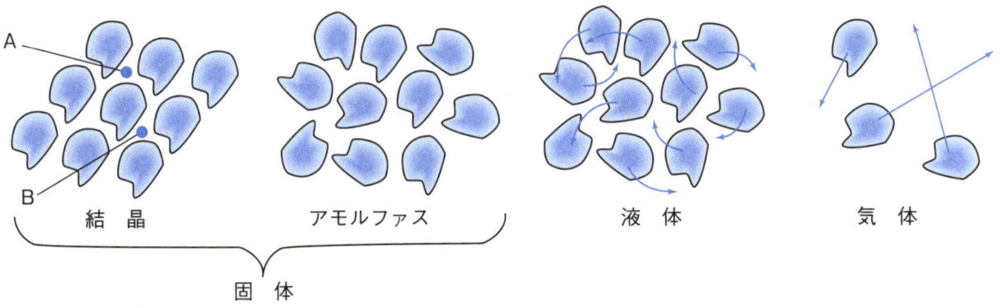

図4・2　**有機分子の三つの状態．** 固体，液体，気体．結晶中でA点とB点の環境は全く等しい．

固体

固体（solid）中では分子は密に詰まり，分子間相互作用によって互いに動きが制限されている．これらの分子は必ずしも静止しているというわけではないが，大きく移動できない状態にある．

固体の中でも分子が“規則的に”配列しているものを**結晶**（crystal）と

いう．“規則的に”の意味は，その固体中のある位置とそこから平行移動した別の位置の環境が全く同じという条件を満たす（図4・2のA点とB点のように）ということである．

反対に，規則性がなく分子がランダムに向いた固体を**アモルファス**（amorphous，**無定形固体**または**非晶質固体**）という．

液体と気体

温度が上がると，分子の運動エネルギーが大きくなる．そこで，温度を上げると分子の運動が激しくなって，ある温度に達したとき（この温度を“融点”という），分子どうしが自由に滑って動き回ることができるようになる．この状態が**液体**（liquid）である．つまり，分子どうしの間隔は離れはしないが，ずるずると滑って動き回ることができる．さらに温度が上昇してある温度に達すると（この温度を“沸点”という），分子どうしは互いにくっ付いていられなくなり，飛び回りはじめる．この状態が**気体**（gas）である．

温度を上げていくと融点あるいは沸点に達するまえに化学反応が起こってしまって，実際には融点や沸点が存在しない有機分子も多い．

液　晶

ある種の有機分子は，規則性をもちながら流動性もある，結晶と液体の中間のような**液晶**（liquid crystal）とよばれる状態をとる．

液晶になる分子の代表的な構造には2通りある（図4・3）．一つは棒状

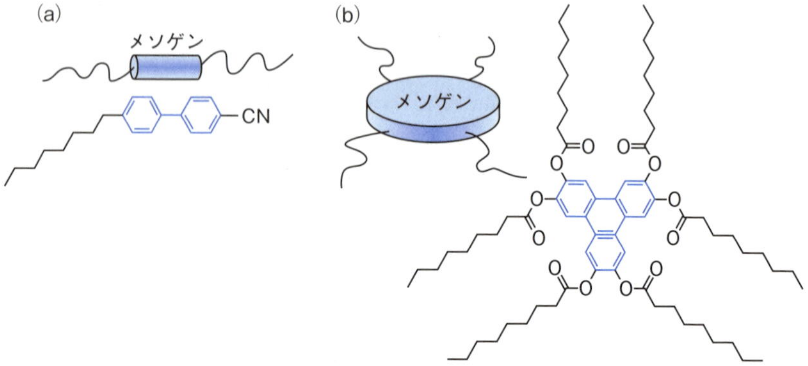

図4・3　**液晶分子の構造．**（a）棒状分子，（b）盤状分子

分子で，これらの分子の一部には芳香族などの折れ曲がりにくい固い構造があり，その片側または両側にアルキル鎖などの柔らかく動きやすい部分が付いている．この固い構造の部分を**メソゲン**（mesogen）という．

もう一つは盤状分子で，平坦で固い中心部分（メソゲン）のまわりに柔らかいアルキル鎖が付いた構造をしている．

液晶はこれらの分子の並び方により，図 4・4 のように分類される．

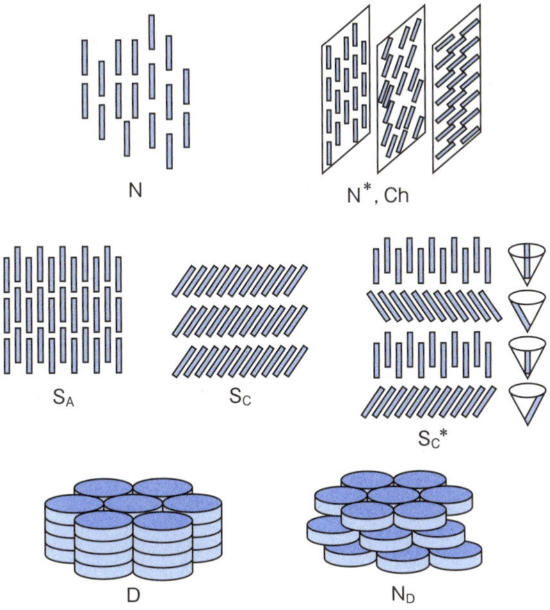

図 4・4　液晶相の分類． N：ネマチック相，N*（Ch）：キラルネマチック相（コレステリック相），S_A：スメクチック A 相，S_C：スメクチック C 相，S_C^*：キラルスメクチック C 相，D：ディスコチック相，N_D：ディスコチックネマチック相．キラルネマチック相やキラルスメクチック相は，エナンチオマー（2 章参照）の一方から生じる相で，らせんを形成している．“キラル”とは，エナンチオマーのように右手と左手の関係を表す概念である．

棒状分子が形成する液晶は大きく分けて，ネマチック相（N で表す）とスメクチック相（S で表す）に分類される．どちらも棒状分子が方向をそろえて集合した構造をしている．ここで，分子の方向がそろっている以外に規則性のないのが**ネマチック相**(nematic phase)で，分子の方向がそろったうえでさらに層状に並んでいるのが**スメクチック相**（smectic phase）である．

相（phase）とは，均一な範囲を意味する用語である．たとえば，水に塩の結晶が混じっていたら，水の部分が一つの相（液相）で，結晶部分は別の相（固相）である．塩が全部溶けたら，塩水全体が一つの相（液相）になる．

盤状分子の場合は，固い中心部分が積み重なって（スタックして），**ディスコチック相**（discotic phase，D で表す）を形成する．

それぞれの相はねじれ方や傾き方によって，さらに細かく分類される．

液晶ディスプレイ

液晶はテレビやコンピューターのディスプレイの主流になっている．ディスプレイ画面は細かいマス目（画素）に分かれていて，裏面から光を当てて，画素ごとに光が透過するかしないかにより，明と暗を表すというのが基本的な動作原理となっている（図4・5）．

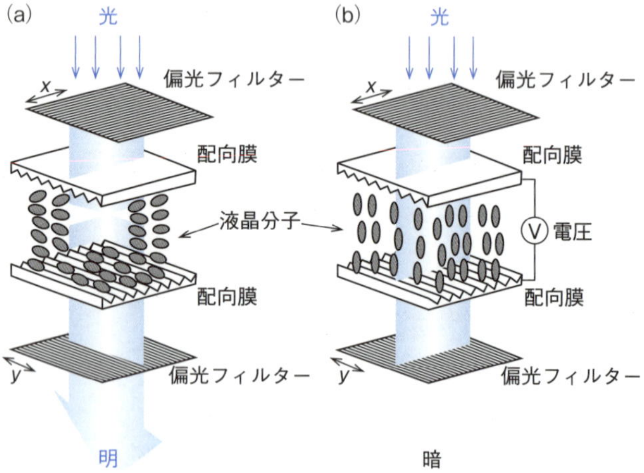

図4・5　**液晶ディスプレイの基本原理．** 荒木孝二，明石 満，高原 淳，工藤一秋，「有機機能材料」，p. 68，東京化学同人(2006) より許可を得て転載．

図の上側が裏面で，こちらから光を当て，図の下側が見る側である．まず (a) の状態では，当てた光のうち，最初の偏光フィルターで x 方向の偏光だけが通される．

配向膜というのは液晶分子の配向を制御するための薄膜で，この膜に接して並ぶ液晶分子は x 軸方向に並ぶようにつくられている．数 μm の厚みの液晶分子の層があって，反対側の配向膜は最初の配向膜に対して垂直方向に置かれている．そのため，液晶膜の上端で x 軸方向に配向している液晶分子は下にいくにつれて方向が回転し，下端では 90° ずれた y 軸方向に配向している．ここを通った偏光の面は分子の配向に沿って回転し，液晶膜を出るときには y 方向の偏光になっている．その先にもう 1 枚の偏光フィルターが y 方向の偏光を通すように置かれている．つまり，この場合は光が通過できるので，この液晶画素は明るく見える．

（b）は，上下の配向膜間に電場をかけた状態である．すると液晶分子は電場の方向，つまり上下に配向する．この状態では光の偏光面がねじれないので x 方向の偏光フィルターを通過した x 方向の偏光は，つぎの y 方向の偏光フィルターを通過することができない．この状態では，この画素は暗く見える．

このような画素がたくさん並んだものが，液晶ディスプレイである．

ゲ　ル

ある種の有機分子を，油などの有機溶媒に少量加えると，溶媒ごとプリンのように固まるものがある．固まった後ではビーカーをひっくり返しても落ちてこない（図4・6）．そうかといって，普通の固体のようには固くない．このような塊を**ゲル**（gel）という．

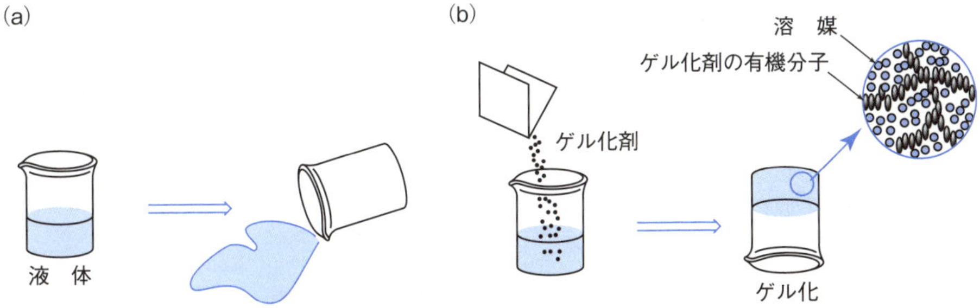

図4・6　**ゲル化.**（a）液体は容器を倒すとこぼれるが，（b）ゲル化すると容器を逆さまにしても落ちてこない．ゲル化剤の分子（灰色の楕円）が分子間相互作用によって網目をつくり，その隙間に液体分子（青丸）を閉じ込めるためである．

この現象は，加えた有機分子が水素結合などの分子間相互作用によって網目状のネットワークをつくり，その隙間に溶媒分子を取込むために起こる．

ゲルは食用油を固めることなどに利用されている．

3. 水中で形成する分子組織体

ポイント!

有機分子は水中や界面でさまざまな分子組織体を形成する.

一つの分子の中に水と混ざりやすい極性部分と水と混ざりにくい無極性部分を両方もつ分子を，**両親媒性分子**（amphiphilic molecule）という．これらは水中で独特の組織構造を形成する．

ミセル

セッケンなどの界面活性剤は極性の大きい部分（頭）と無極性なアルキル鎖の部分（尾）からなる構造をしている（図4・7）．

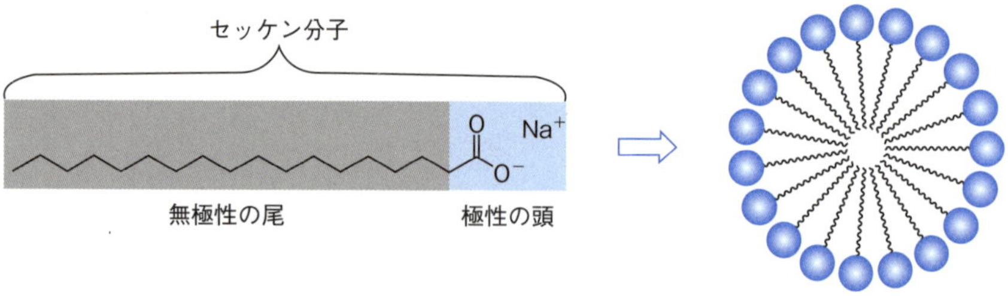

図4・7　**セッケンとミセル．** ミセルの中のセッケン分子．●が極性の頭，〰〰が無極性の尾を示す．ミセルの周囲は水である．

セッケンや洗剤などの界面活性剤で油汚れが落ちるのは，ミセルのおかげである．ミセルの中心部は無極性であるので，水で洗っただけでは弾いてしまう油成分，つまり無極性分子を取込むため，ミセルごと洗い流すことができるようになる．

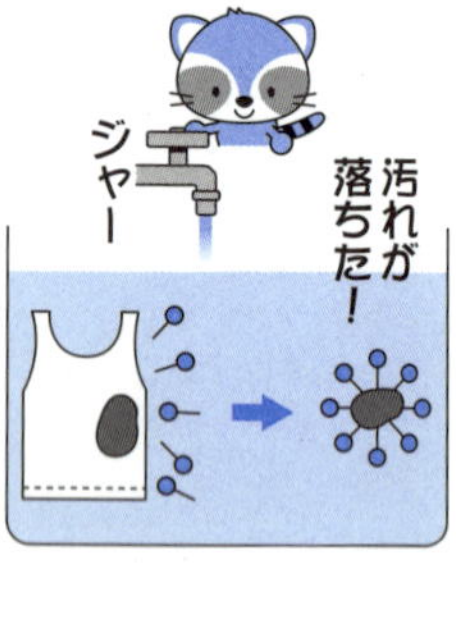

水中では，無極性の尾は水と混ざりにくいので，疎水性相互作用によって水を避けて集まり，一方，極性の頭は水とよく混ざるので周囲を取囲むように集まる．その結果，**ミセル**（micelle）とよばれる球状構造を形成する．ミセルは固い構造ではなく，分子が集まったり離れたりを繰返しながら，平均的にはこのような構造をとっていると見ることができる．

ベシクルとリポソーム

界面活性剤がミセルを形成するには，無極性の尾の集団を極性の頭で覆うことが必要であるため，極性の頭が大きく無極性の尾が小さいことが必要である．界面活性剤でも，無極性の尾としてアルキル鎖が2本付いたものでは，頭と尾のバランスの関係で球状ミセルをつくらないで，平面状の二分子膜（層状ミセル）を形成する場合がある．ここで頭と尾の断面積がだいたい同じ程度であると，平面膜ができる．このような平面膜は曲がって球状に閉じた構造になることがあり，これを**ベシクル**（vesicle）という（図 4・8）．特にリン脂質（6 章参照）でできたベシクルを**リポソーム**（liposome）とよぶ．

ベシクルとは小さい袋状のもの（小胞）という意味である．

生体膜もこのような構造をしており，細胞や細胞小器官と外界を区別する重要な役割を果たしている（6 章参照）．

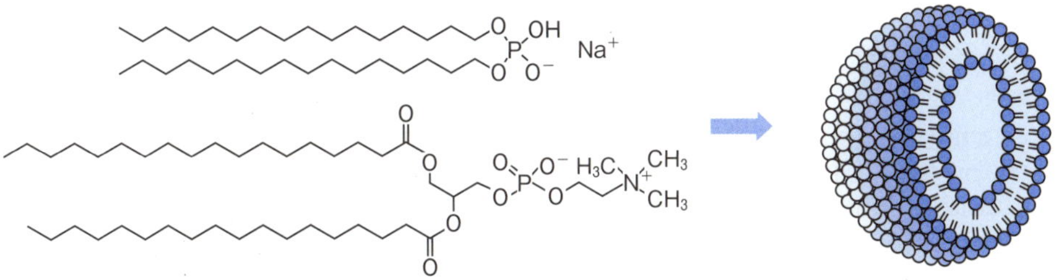

図 4・8　**二本鎖両親媒性分子とベシクル．** 左上が人工の分子で，左下は天然のリン脂質であるホスファチジルコリン．右図は二分子膜からなるベシクル．右側に断面を示してあるが，実際は閉じている．

両親媒性高分子の自己集合

ポリエチレンオキシド（$(-CH_2CH_2O-)_n$，PE と表す）は親水性が大きい高分子で，一方，ポリプロピレンオキシド（$(-CH_2CH_2CH_2O-)_n$，PP と表す）は疎水性が大きい．PE−PP−PE とつながった高分子を水に溶かすと，中央の疎水性部分（PP）が集まって球状ミセルを形成する（図 4・9）．

適当な条件下では，この高分子ミセルは水中で規則的に積み重なる．ミ

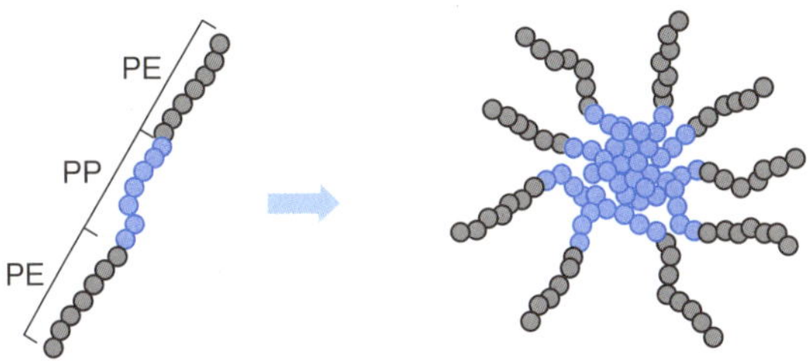

図 4・9　**両親媒性高分子のミセル形成．** PE：ポリエチレンオキシド，PP：ポリプロピレンオキシド

セルが規則的に積み重なった状態で，水の部分でテトラエトキシシラン $Si(OEt)_4$に重合反応をさせてシリカゲル SiO_2とし，水があった部分を固めた後で，高温にして有機分子を分解して揮発させた材料の走査電子顕微鏡写真を図 4・10 に示した．薄い部分が穴の部分で，数 nm 程度の穴がかなり規則的に配列している．穴の部分は高分子ミセルが存在していたところであり，ミセルが水中で非常に規則的に配列していたことがわかる．

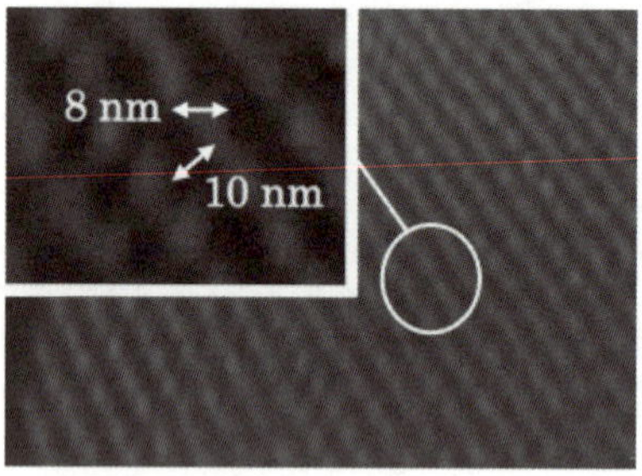

図 4・10　**両親媒性高分子のミセルを鋳型としてつくった構造．** A. Itoh, H. Sato, Y. Adachi, J. Otsuki, A. Tsukamoto, *J. Magn. Soc. Jpn.*, **30**, 620（2006）．日本磁気学会より許可を得て転載．

4. 界面で形成する分子組織体

バルク（bulk）とは，三次元的な広がりをもった部分という意味で，相の内部のことである．たとえば，ビーカーに入った液体なら，ガラスとの界面付近や空気との界面付近以外がバルクである．

液相と気相など，相と相が接する境界面を**界面**（interface）という．界面では，バルクとはまた違った分子集合体が形成する．

水面単分子膜

両親媒性分子をいったん有機溶媒に溶かし，水面上にたらす．有機溶媒は油の膜となって水面上に広がるが，やがて揮発し，水の表面には両親媒性分子だけが残る．このとき両親媒性分子は，親水性の頭を水の中に突っ込み，疎水性の尾を空気中に出して，水の表面に単分子層の膜を形成する（図 4・11）．

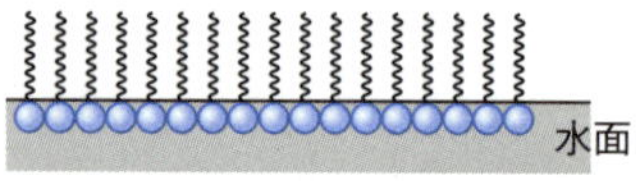

図 4・11　**両親媒性分子の水面上の単分子膜**

L B 膜

図 4・12 に示したように，水面にできた単分子膜を基板を上下させて写し取る．さらに，繰返し写し取ることによって，累積膜が得られる．この方法でつくった膜を**ラングミュア–ブロジェット膜**（Langmuir–Blodgett membrane，**LB 膜**）という．

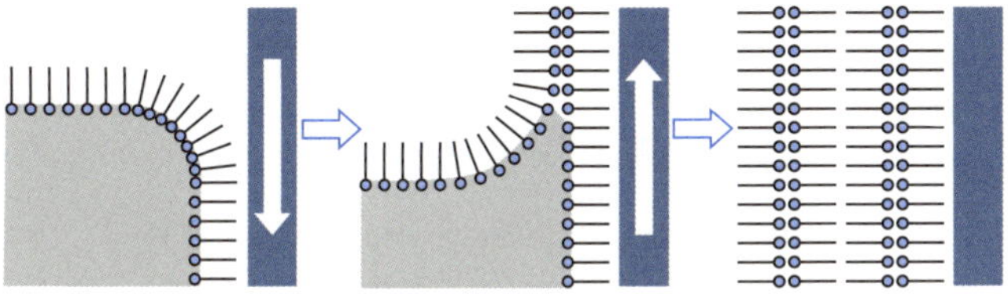

図 4・12　ラングミュア–ブロジェット（LB）膜

自己組織化単分子膜（SAM）

メルカプト基（−SH）をもつチオールは金と親和性が高く，金の表面に結合する．アルキルチオールの溶液に（111）面が表面に出ている金を浸すと，アルキルチオール分子が金表面に結合し，アルキル鎖が密に詰まった規則性の高い単分子膜を形成する（図 4・13）．このような膜を，分子自らが形成するという意味で**自己組織化単分子膜**（self-assembled monolayer，**SAM**）とよぶ．

チオール RSH から H がとれて，安定な硫黄と金の結合（RS−Au）が生成すると考えられている．

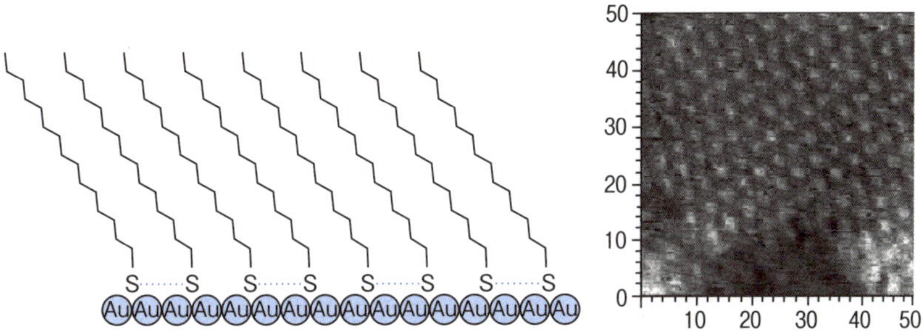

図 4・13　金（111）面上のアルカンチオールの SAM．左は模式図で，右は走査トンネル顕微鏡像．数値の単位は nm．粒々に見えているのが 1 本ずつのアルキル鎖．

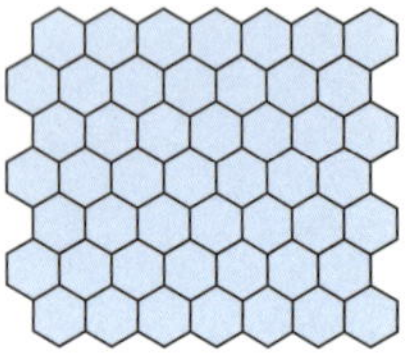

グラファイト表面

グラファイトの表面に形成する規則的な分子の配列

グラファイトは炭素が蜂の巣状に無限につながった構造をもつ．アルキル鎖をもつ分子は，グラファイトの表面に単分子層の規則的な配列を形成する．これはアルキル基とグラファイト間の相互作用に加えて，アルキル鎖どうしが密に詰まることによって，分子間にもファン デル ワールス相互作用がうまく働くためである．

走査トンネル顕微鏡

走査トンネル顕微鏡（scanning tunneling microscope, **STM**）は，平坦で導電性の試料であれば原子分解能（原子が判別できること）で観察できる（図1）．また，電流をほとんど流さない分子でも，導電性基板上の1，2層の分子であれば観察できる．

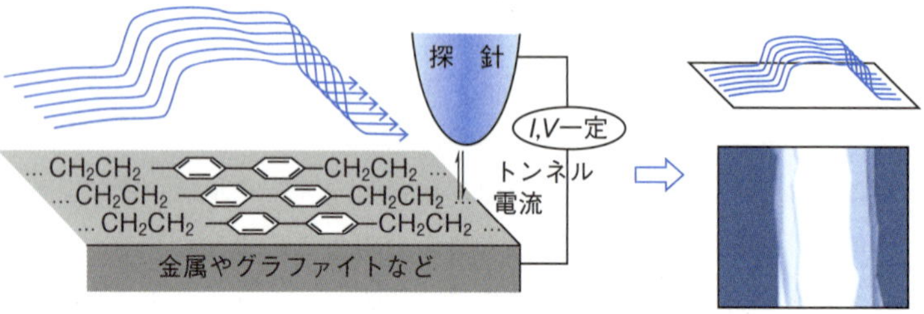

図1 **走査トンネル顕微鏡．** 試料をラインごとに走査して右の像が得られる．右上は斜めから見た像で，右下は高さを濃淡で表した像である．

分子を金属かグラファイト基板の上に吸着させた試料を，尖った金属の探針で走査する．このとき，試料と探針の間には一定の電圧（バイアス電圧）をかけ，試料と基板の間に流れる電流が設定した値を保つように探針を上下に動かす．電流が流れやすいところでは探針は離れ，電流が流れにくいところでは探針が近づくことになる．この上下の動きを記録して画像化したのが図4・13や図4・14である．

“トンネル”という名前が付いているのは，探針と導電性基板が離れているにもかかわらず，トンネルのようにそのギャップを通り抜けて流れる電流を測定するからである．“トンネル”は，ギャップが1 nm程度のときに現れる量子力学的な効果である．

図 4・14 には，グラファイト上に並んだステアリン酸分子 $CH_3(CH_2)_{16}$-COOH の走査トンネル顕微鏡像を示した．縦に並んだ 2.5 nm ほどの長さの棒状の像 1 本ずつがステアリン酸 1 分子にそれぞれ相当する．

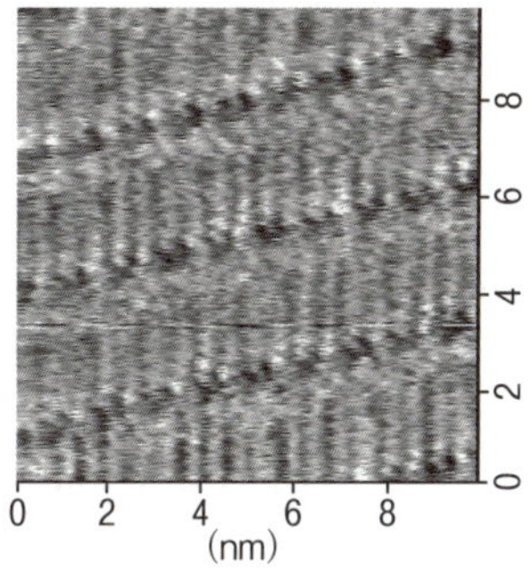

図 4・14　**グラファイト上に並んだステアリン酸の走査トンネル顕微鏡像**

5. ホスト・ゲスト

いままで，有機分子がさまざまな集合体を形成する様子を見てきたが，分子の形や分子間相互作用する官能基の配置を精密に設計すると，もっと選択的に集合体を形成できる．

分子が分子を識別することを**分子認識**（molecular recognition）といい，認識する分子と認識される分子は**ホスト**（host）と**ゲスト**（guest）の関係に例えられる．実にさまざまなホスト分子が合成されているが，ここではごく限られた例だけ紹介しよう．

分子間相互作用を用いて分子の配列を制御し，組織構造を構築することは，望みの機能を得るための第一歩である．

クラウンエーテル

環状のオリゴエーテルは，構造を描いたときに冠（crown）に似ているので，**クラウンエーテル**（crown ether）と名付けられた．クラウンエーテルは真ん中の空間にアルカリ金属イオンを取込むことができる．ここでの分子間相互作用は，電気陰性度が炭素より大きいために部分的な負電荷をもつ酸素と，正電荷をもつアルカリ金属イオンとの静電相互作用である．直鎖状のエーテルがイオンを取込むためには，環状になる必要があるが，クラウンエーテルは最初から環状になっており，その分，錯体を形成したときにエントロピー（つぎの項目で述べる）を失わなくてすむため，錯体形成に有利である．

「オリゴ」とは，“いくつか”を意味する言葉である．モノマー（単量体）がいくつかつながったのがオリゴマー，たくさんつながったのがポリマー（重合体）である．オリゴマーとポリマーの間にはっきりした境界があるわけではない．

クラウンエーテルは「環をつくる原子の数–クラウン–酸素の数」で表される（図 4・15）．12–クラウン–4 は Li^+（イオン半径 0.73 Å）に，15–クラウン–5 は Na^+（1.13 Å）に，18–クラウン–6 は K^+（1.52 Å）に最もよくフィットするので，それぞれのクラウンエーテルは，金属イオンを選択的に認識する．

1 Å（オングストローム）= 10^{-10} m

クラウンエーテルにアルカリ金属イオンが取込まれると，外側は疎水性になるので，有機溶媒に溶けることができる．このため，たとえば水にし

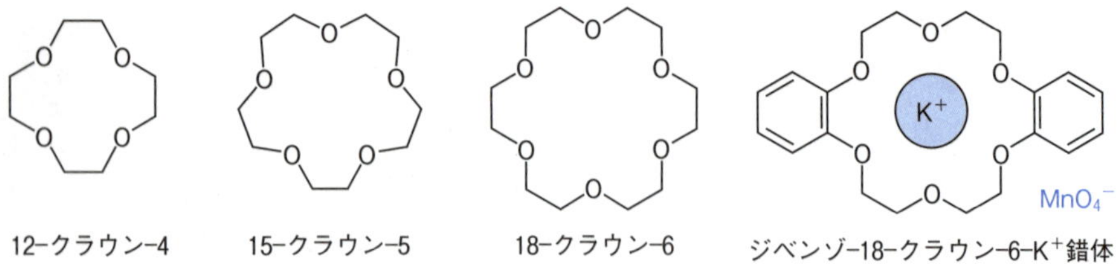

図 4・15　**クラウンエーテル**．右端は $KMnO_4$ のカリウムイオンを取込んだクラウンエーテル．

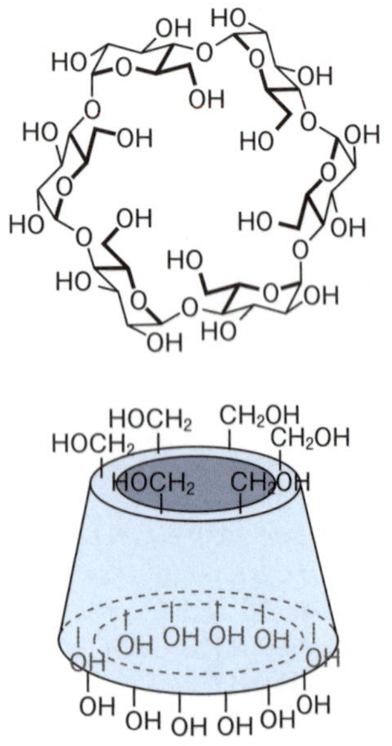

図 4・16　**α-シクロデキストリン**

シクロデキストリンは食品，医薬その他さまざまな分野で用いられている．たとえば，加工食品中では，不安定成分をその内部空間に閉じ込めて安定化するために用いられる．

か溶けない過マンガン酸カリウム $KMnO_4$ を，クラウンエーテルを用いることによって有機溶媒に溶かし，対イオンの MnO_4^- を有機溶媒中の酸化剤として反応に使うことができるようになる．

シクロデキストリン

シクロデキストリン（cyclodextrin）は，グルコースが環状につながった環状オリゴ糖である．グルコースが 6 個，7 個，8 個のものが知られており，それぞれ α-，β-，γ-シクロデキストリンとよばれる（図 4・16）．底の抜けたバケツのような構造をしていて，その内側はグルコースの疎水的な壁に囲まれた空間となっている．狭いほうのふちには第一級ヒドロキシ基が，広いほうのふちには第二級ヒドロキシ基が並んでいて，これらは極性が大きいので水によく溶ける．

シクロデキストリンは水に溶けて内部に疎水的な空間をもつので，水に溶けない疎水性分子を水中に可溶化することができる．また，ヒドロキシ基をもとにしていろいろな官能基を導入することができるので，目的に応じてさまざまな誘導体がつくられている．

分子パネルの組立て

有機分子は金属イオンと組合わせて“オブジェ”をつくることができる．特に芳香族化合物は形が定まっているので，構造を設計しやすい．図 4・17 の化合物 **1** は正三角形で，頂点に金属イオンに配位できるピリジンが配置されたパネル状の分子である．

水中で化合物 **1** と Pd 錯体を 2：3 で混ぜると，頂点に Pd イオンが配置

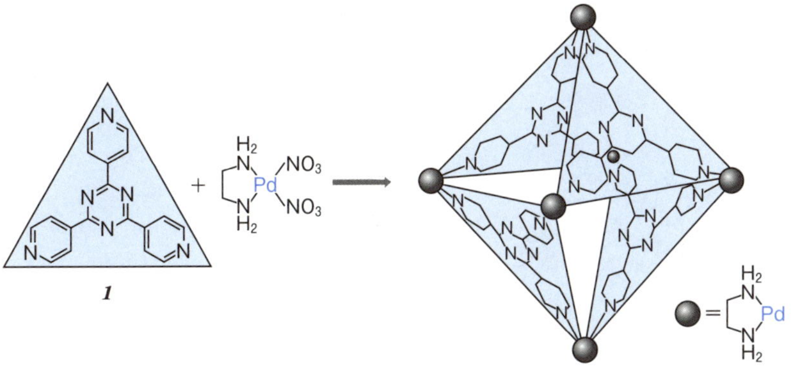

図 4・17　**分子のかご**．かごの図では二重結合は省略してある．M. Fujita, D. Oguro, M. Miyazawa, H. Oka, K. Yamaguchi, K. Ogura, *Nature*, **378**, 469 (1995) をもとに作成．

した正八面体ができる．八面体の八つの面のうち四つの面がパネル **1** で覆われ，残りの四つの面が空いたかご状の構造をとる．かごは，外側が極性なので水に溶け，内側はパネルに囲まれた疎水性の空間となっている．

この空間はとても狭いので，取込まれた分子は自由に動くことはできず，ある一定の方向を向いて入る．そのために，均一な溶液中では決して起こらないような選択的な反応が可能になる．

たとえば，つぎのような二量体化反応が起こる．この反応は分子のかごがないと起こらない．

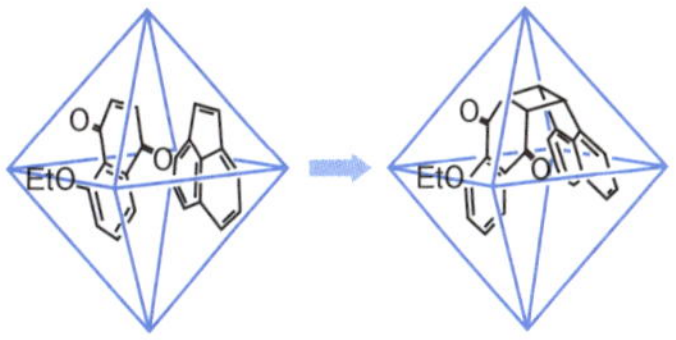

金属－有機フレームワーク

上の例は，一定数の有機分子と金属イオンからできる構造であるが，設計によっては無限に（結晶の端から端まで）つながった空間をもつ構造ができる．2,3－ピラジンジカルボン酸ナトリウム水溶液を Cu^{2+} とピラジンの水溶液に加えていくと結晶が得られる．

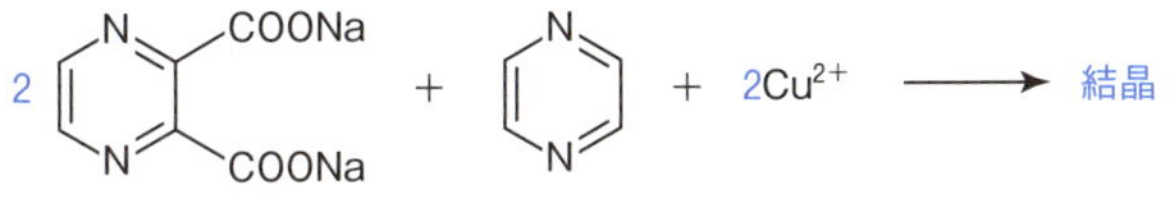

その結晶構造は，2,3－ピラジンジカルボン酸と銅イオンでできる二次元のシートをピラジンが柱となって積み重ねたような構造である（図 4・18）．

柱によってシートとシートの間に空間ができるので，この空間を選択的な吸着，分離，触媒に使うための研究が進められている．ピラジンをもう少し長い分子に代えると，空間をその分だけ広げることができる．穴が分子サイズであることと，すべての穴が分子構造と結晶構造に基づいて正確に同じサイズや形をしているので，きわめて精密な分子認識に活用できる．

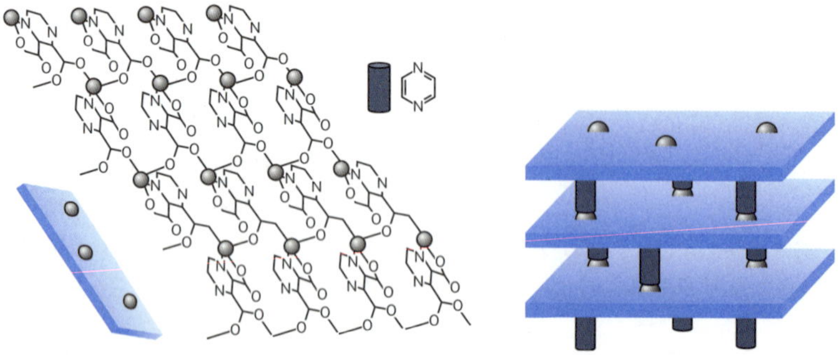

図 4・18　**Cu^{2+}とピラジンカルボキシラートからできる二次元シート．** 二次元シート中のCu^{2+}にさらに上下からピラジンが配位して，柱のように支えて積み重なる．球はCu^{2+}，柱はピラジンを表す．M. Kondo, T. Okubo, A. Asami, S. Noro, T. Yoshitomi, S. Kitagawa, T. Ishii, H. Matsuzaka, K. Seki, *Angew. Chem., Int. Ed.*, **38**, 140（1999）をもとに作成．

6. カテナンとロタキサン

鎖のように，リングが絡み合った構造を分子でつくると，互いに結合していないにもかかわらず，はずれることができない．このような分子を**カテナン**（catenane）という（図 4・19）．カテナンでできたポリマーが合成されれば，従来の共有結合でつながったポリマーとは違った新しい特性が現れる可能性がある．

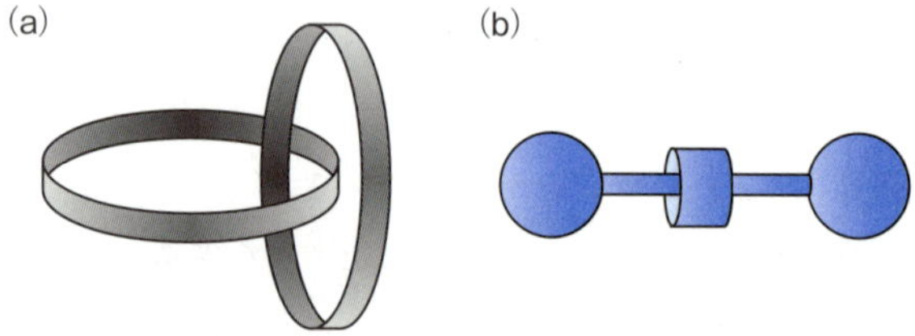

図 4・19　**カテナン(a) とロタキサン(b)**

同様な構造をもつ分子にロタキサンがある．**ロタキサン**（rotaxane）はリングに棒が通ったような構造をしているが，棒の両側にリングの穴より大きな置換基が付いているため，リングを抜くことはできない．

図4・20に示したのは五つのリングからなるカテナンで，オリンピックのマークと同様な構造をもつことから，“オリンピアダン”と名付けられた．

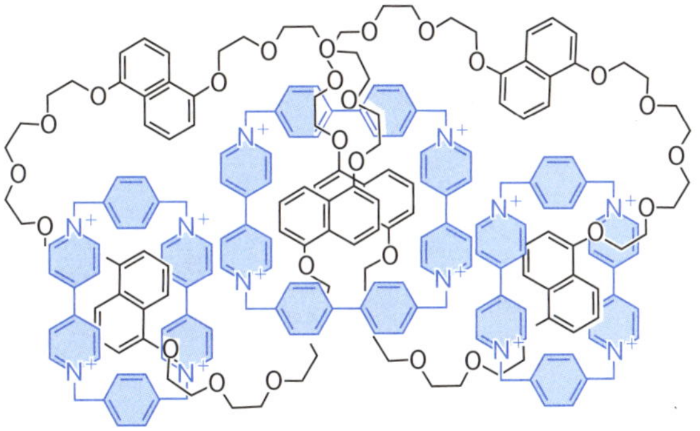

図4・20　**オリンピアダン．** D. B. Amabilino, P. R. Ashton, V. Balzani, S. E. Boyd, A. Credi, J. Y. Lee, S. Menzer, J. F. Stoddartd, M. Venturi, D. J. Williams, *J. Am. Chem. Soc.*, **120**, 4295（1998）をもとに作成．

このような有機分子の合成の鍵となるのは，相手の分子を巻き込んだ環をつくる段階である．環をつくるには，線状分子の両端に互いに反応して結合するような反応部位AとBをもつ前駆体A〰〰A とB〰〰B を用意する．環ができるためには，最初にできたA〰〰A—B〰〰B の端のAが，別の分子のBと反応して重合せずに，同じ分子内のBと反応しなければいけない（図4・21）．

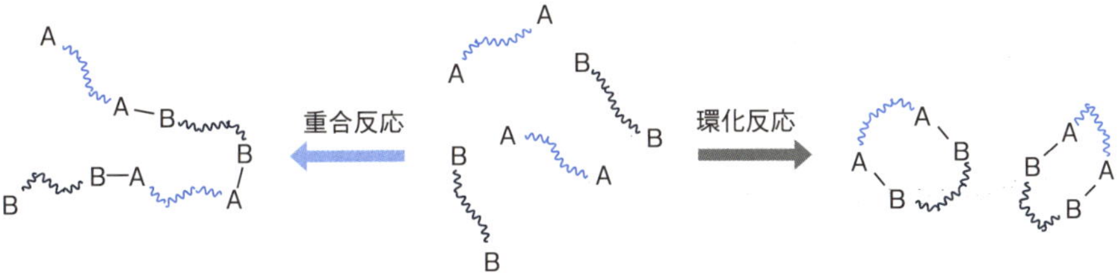

図4・21　**環化反応と重合反応の競争**

重合反応は，濃度が高いほど分子が出会う確率が高くなり進みやすいが，分子内反応は濃度に関係がないので，環化を優先させるためには反応物の濃度を低くするのが一般的な戦略である．しかし，それでは，少量しか反応させられないか，大量の溶媒が必要となってしまう．

そこで，環化を優先的に起こすために有効なのが，鋳型を使った反応である．**鋳型**（template）とは，原料分子に，分子間相互作用によって反応前から生成物に近い配置をとらせるようなイオンや分子である．図4・22に示したように，鋳型と錯体を形成している間に反応が進めば，環状分子が効率よく合成される．

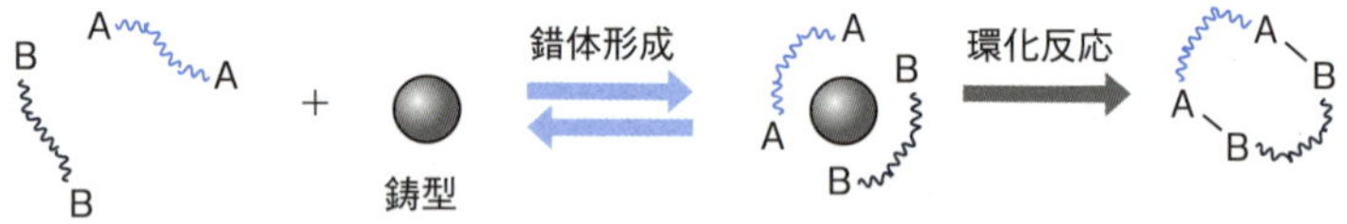

図4・22　**鋳型合成による環化反応**

オリンピアダンの中央の環に二つの環が挿入される段階の鋳型合成を見てみよう（図4・23）．ピリジニウムやピリジンは電子受容性，アルコキシ置換ナフタレンは電子供与性なので，それらの間にドナー・アクセプター相互作用が働き，環の前駆体分子を「コ」の字型に事前に組織化する．その結果，環化反応が優先して起こる．

この場合は，鋳型として働く二つのアルコキシ置換ナフタレンが環状分

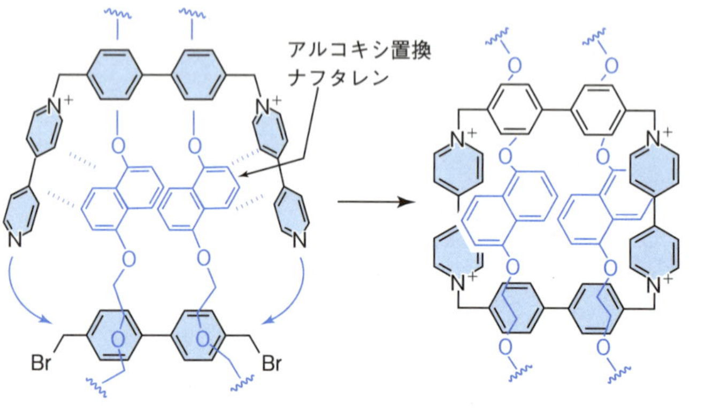

図4・23　**鋳型合成によるカテナンの形成**

子の一部であり，形成した環から抜け出すことができず，カテナンが生成することになる．

7. 錯体形成の熱力学

ホストとゲストが存在するとき，これらのすべてが結合するわけではない．ここでは，ある状態で平均としてホストとゲストがどの程度結合しているかなど，錯体の形成を定量的に取扱うための**熱力学**（thermodynamics）の基礎を見てみよう．

「錯体を形成する」というのは**定性的**（qualitative）な表現であるのに対し，「67 %が錯体を形成する」というのが**定量的**（quantitative）な表現である．

錯体形成反応

ホストとゲストなどが可逆的に錯体を形成する傾向の大きさは，錯形成定数で表される．ホストHとゲストGの錯形成の反応式は，

$$\mathrm{H} + \mathrm{G} \rightleftarrows \mathrm{H{\cdot}G} \qquad (4\cdot1)$$

で，この反応の平衡定数 K

$$K = \frac{[\mathrm{H}][\mathrm{G}]}{[\mathrm{H{\cdot}G}]} \qquad (4\cdot2)$$

が，**錯形成定数**（formation constant）である．

錯生成定数や**結合定数**（binding constant）とよばれることもあるが同じことである．また，生物学の分野では**解離定数**（dissociation constant）とよばれる，錯形成定数の逆数が用いられることがあるので注意しよう．[H] などの濃度は mol $\mathrm{L^{-1}}$を用いるのが普通である．

ギブズエネルギー，エンタルピー，エントロピー

反応の駆動力は**ギブズエネルギー**（Gibbs energy，**ギブズ自由エネルギー**（Gibbs free energy）ともよばれる）変化 ΔG で表される．ΔG と錯形成定数 K の関係は，つぎの式で与えられる．

$$\Delta G = -RT\ln K \qquad (4\cdot3)$$

ここで R は気体定数（8.31 J $\mathrm{K^{-1}\,mol^{-1}}$），$T$ は温度である．ΔG の値が負に大きいほど，K が大きくなり，錯体を形成する反応は進みやすい．

ギブズエネルギー変化 ΔG は，二つの項からなると考えることができる．

$$\Delta G = \Delta H - T\Delta S \qquad (4\cdot4)$$

最初の項 ΔH はエンタルピー変化である．**エンタルピー**（enthalpy）は反応熱に対応する量である．分子間相互作用による安定化が大きい場合に ΔH が負に大きいので，反応が進みやすい方向に影響する．

2番目の項 ΔS はエントロピー変化である．エントロピーが大きくなる反応は，ΔS が正であり，ΔG を負にする方向に作用するので，進みやすい．**エントロピー**（entropy）は“場合の数”に対応する量で，その状態の場合の数が多いと大きい．

たとえば，(4・1)式の平衡が成り立っているホスト H とゲスト G の溶液を三つの区画に分けて，それぞれの区画には H，G，H･G は一つしか入れないという思考実験をしてみよう．図 4・24 に示したように，H と G が結合していないとき（状態 H＋G）には H と G が存在する区画によって六つの場合の数があるのに対し，H･G が形成しているとき（状態 H･G）には三つの場合の数しかない．状態 H＋G のほうが状態 H･G よりもエントロピーが大きいということになる．

場合の数 W とエントロピー S は，$S = k \ln W$ で関係付けられる．ここで k はボルツマン定数（1.38×10^{-23} J K^{-1}）である．

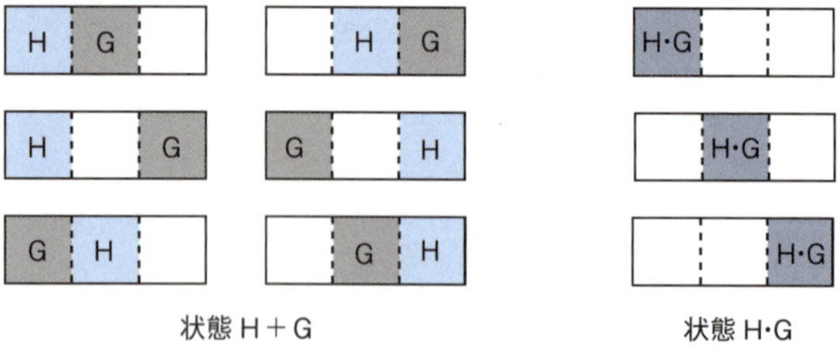

図 4・24　**状態 H＋G と状態 H·G の場合の数**

仮に，状態 H＋G と状態 H･G のエンタルピーが等しく，どの場合も同じ確率で生成するとすると，(状態 H＋G)：(状態 H･G) の存在比は 6：3 になる．状態 H＋G と状態 H･G のエンタルピーが等しいにもかかわらず，存在比は 1：1 にはならない．

錯体が生成すると，複数の成分が一箇所に集まるので，その分エントロピーは必ず減少すると考えがちである．しかし実際は，錯形成に伴ってまわりの溶媒の状態も変化し，それも考慮しなければいけないので複雑である．特に溶媒が水の場合，水の水素結合構造の変化がエントロピーに大きな影響をもつ．このため，疎水性相互作用を理解するには，エントロピーの寄与を考える必要がある（本章の「1．分子間相互作用」を参照）．

錯体形成の熱力学はホスト・ゲストなどの分子認識について理解するための基礎となるので重要である．

5 分子間相互作用による機能

分子間相互作用によって分子を区別することができたら，混合物から特定の分子を単離することに使える．あるいは，ある分子が存在することを光や電気のシグナルに変換すれば，センサーとして応用できる．また，特定の分子に特定の反応をさせる用途にも使えるだろう．ここでは，分子を区別することによるこれらの機能を見ていこう．

1. 分離機能

混合物からある特定の物質だけを分離したい場合がある．ある目的の分子を合成したときに，反応しきれずに残った原料物質や副生成物を取除くのは，合成化学では日常的な操作である．特に，エナンチオマーを選択的に取出すことは医薬ではきわめて重要である．

ろ 過

最も簡単な分離の方法は**ろ過**（filtration）である．この場合，固体と液体を分離するためにろ紙を使う．**ろ紙**（filter paper）は紙でできているが，紙の材料は植物由来の高分子であるセルロースである．**セルロース**（cellulose）は β-グルコースが数千個つながった高分子である（図 5・1a）．セルロースは多くのヒドロキシ基 $-OH$ 間で水素結合をしていて，高分子鎖がほどけにくいため，溶媒には溶けにくい．ろ紙を顕微鏡で見ると，細い繊維が絡み合った構造が見える．小さい粒子や液体はその隙間を通り抜

けることができるが，大きな粒子は通り抜けることができないので，ろ紙の上に残ることになる（図5・1b）．

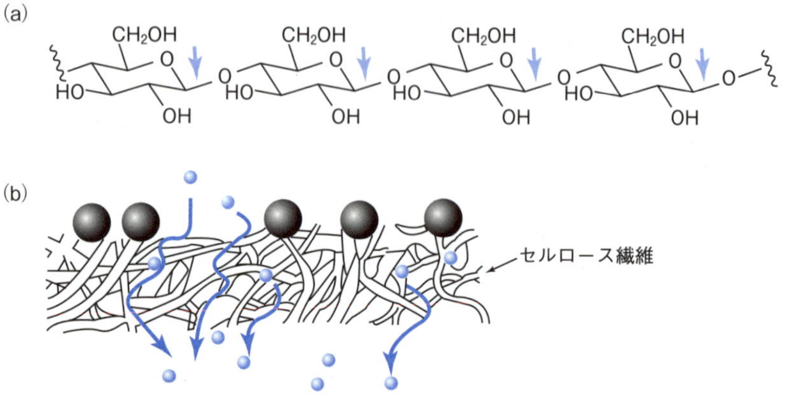

図5・1　**ろ紙によるろ過．**（a）ろ紙の材料であるセルロースの構造．セルロースはβ-グルコースが数千個つながった天然高分子である．デンプンもグルコースがつながった高分子であるが，矢印で示した炭素から酸素に向かう結合の方向が違う（2章参照）．（b）ろ過の仕組み．細孔より大きい粒子は通さない．

理科室などにあるろ紙は数 μm 以上の粒子を取除くのに使うことができる．浄水器，透析膜，海水淡水化などでは，もっと小さな粒子やイオンまでも除く必要があり，それぞれの目的に合った非常に小さな細孔をもつ薄膜が用いられる．セルロースのヒドロキシ基をアセチル化した酢酸セルロースは，このようなろ過膜に最もよく用いられる高分子である（図5・2a）．

海水中の塩を取除いて真水にすることを見てみよう．H_2O 分子の外径はおよそ 4 Å で，Na^+ と Cl^- の直径はそれぞれ 2.0 Å と 3.6 Å なので，大きさで分けるのはほとんど不可能なように思われる．にもかかわらず，実際には細孔膜で分けることができる．この理由は，水中のイオンは静電相互作用によってまわりに水分子を引き付けた集団となり，大きな粒子として振舞うためである（図5・2b）．

図5・2（b）の右のような状態をイオンが水和されているという．

膜 輸 送

ろ過では，膜を通るか通らないかの差によって物質を分離した．これは

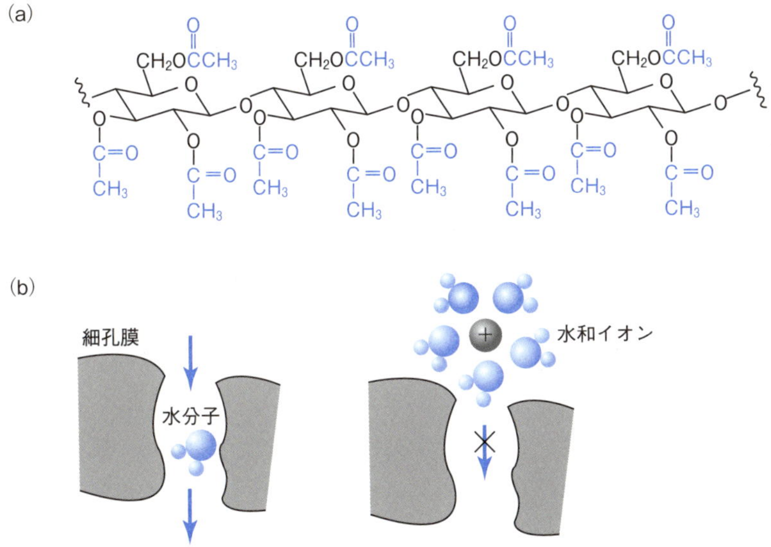

図5・2　**ろ過膜によるろ過.** (a) ろ過膜の材料である酢酸セルロース, (b) ろ過膜による海水の淡水化の仕組み. 水分子は通れるが, 水和しているイオンは通れない.

物質が膜中を移動する**膜輸送** (membrane transport) の最も単純な例の一つである. ここでは, この輸送現象をもう少し詳しく見ていこう.

ある物質 (分子, イオンなど) が膜を隔てて輸送されることを考えるが, この輸送される物質のことを, ここでは基質とよぶことにする. 輸送は, その方式から2通りに分類できる. 一つは, 基質が通過する通路が決まっているもので, ろ過もこの一例である. 生体膜では, 膜を貫通するタンパク質によって, 基質の通路が確保されている. このような通路のことを**チャネル** (channel) という (図5・3a). タンパク質でできた生体膜のチャネルは特定のイオンや分子だけを通す選択性をもっている.

生体膜については, 6章を参照.

6章で述べる F_1F_0-ATPアーゼの膜貫通部分 (F_0) には, H^+のチャネルが含まれている.

もう一つの方式は, 膜中に存在する物質が基質を取込んで錯体を形成し, 膜中を拡散して膜の反対側で基質を放出するものである. このとき, 基質と錯体を形成する物質を**キャリア** (carrier) という (図5・3b). 生体膜でのキャリアの例としては, 抗生物質として使われるバリノマイシンがある. バリノマイシンは Na^+イオンに対して高い錯形成能を示す.

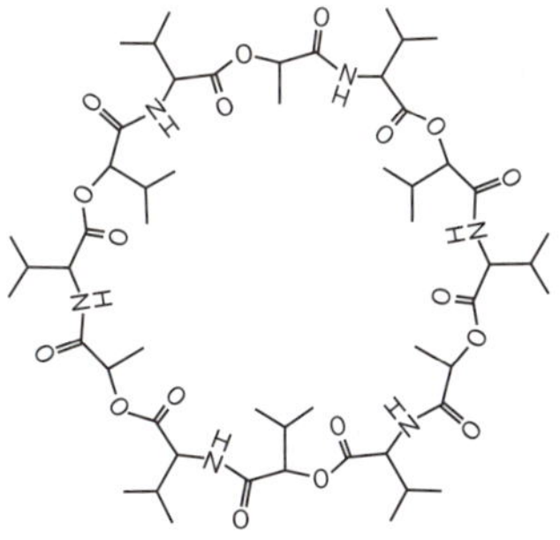

バリノマイシン

人工的にキャリアによる輸送を再現するには, キャリアが拡散すること

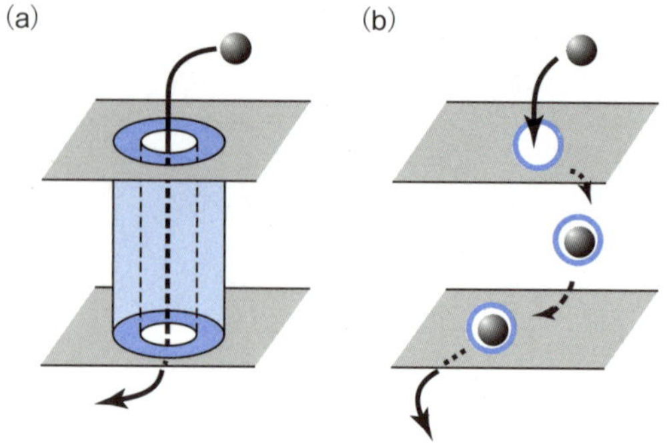

図5・3　チャネル(a)とキャリア(b)

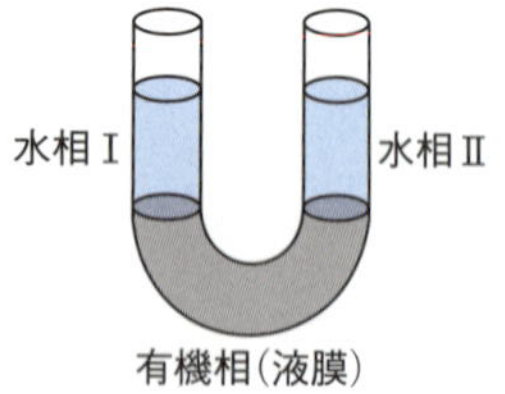

ができる膜が必要であり，通常の高分子膜は適していない．最も簡単に実験室でこのような膜を実現するには，U字型のガラス管を用意して，そこに水より比重の大きい有機溶媒（たとえばクロロホルム）を入れる．両側から水を注げば水/クロロホルム/水の3層ができ，中央のクロロホルム層を膜と見ることができる．このような膜を“液膜”という．

ここで，左側の水相ⅠにNa^+を加えてみよう．Na^+は水には溶けるがクロロホルムには溶けないので，右側の水相ⅡにNa^+が漏れ出すことはない．ところがクロロホルム相にクラウンエーテルを加えておくと，水相Ⅰとクロロホルム相の界面でクラウンエーテル・Na^+錯体が形成され，Na^+がクロロホルム相に取込まれる．この錯体はクロロホルム（膜）内を自由に拡散し，右の水相の界面に達したときに，Na^+を放出する．このようにクラウンエーテルはイオンのキャリアとして働く．

クラウンエーテルについては4章参照．

いまの例では基質であるイオンは濃度が高い相から低い相へ移動する．このような輸送を**受動輸送**（passive transport）という．これに対して，エネルギーの供給と適当な仕組みがあれば，基質を濃度の低い側から高い側へ輸送することができる．このような輸送を**能動輸送**（active transport）という．

図5・4に示した銅(Ⅱ)錯体は，低いpHでは有機配位子部分は中性なので全体としては2価カチオンであり，電気的中性を保つために，アニオン（この場合SCN^-）を取込んだ状態で存在する（図中の上の構造）．高いpHでは，プロトンが外れて中性の錯体として存在する（下の構造）．この状態

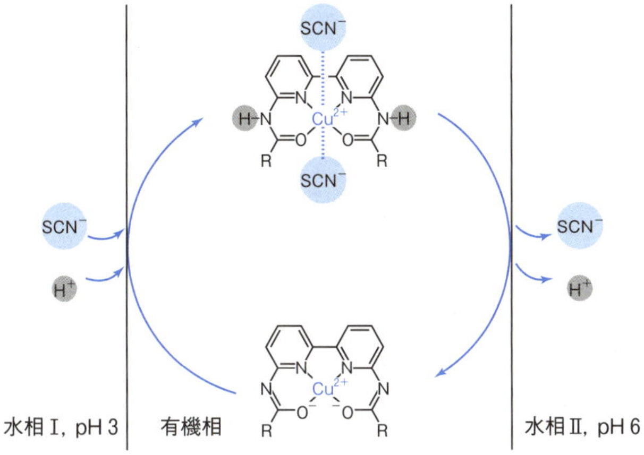

図 5・4　pH 差を駆動力とした SCN^- の能動輸送． K. Araki, S.-K. Lee, J. Otsuki, *J. Chem. Soc., Dalton Trans.*, **1996**, 1367 をもとに作成．

ではアニオンを取込まない．

ここで，両水相に同濃度の SCN^- 水溶液を用いて，この錯体を含むクロロホルムで区切られた液膜を構成する．ただし，水相 I と水相 II の pH はそれぞれ 3 と 6 にして差をつけておく．すると，水相 I/クロロホルム界面では pH が低いので 2 価カチオンになり，SCN^- を取込む．拡散して水相 II/クロロホルム界面に達すると，今度は水相の pH が高いのでプロトンを放出すると同時に SCN^- も放出する．つまり，SCN^- の濃度差が存在しないにもかかわらず，SCN^- は一方に輸送される．プロトン濃度差がある限り輸送は進行し，SCN^- は濃縮されていく．このときのエネルギー源はプロトンの濃度差であり，この錯体が仕組みを提供し，能動輸送を実現している．

生体内では，タンパク質がきわめて精巧な仕組みで能動輸送を行っている．たとえば，6 章で述べる光合成細菌の光合成は光エネルギーによってプロトンの能動輸送を実現している．

液体クロマトグラフィー

混合物を分離するときに，混合物の溶液をある物質（こちらは流れないので固定相という）の間に流し（流れる溶液を移動相という），固定相と移動相への親和性の差を利用して，混合物を分離する方法を**液体クロマトグラフィー**（liquid chromatography）という．以下，いくつかのクロマトグラフィーについて，その仕組みを見ていこう．

ゲル浸透クロマトグラフィー

細孔が開いた粒子を詰めた円筒形の筒（カラムという）に，サイズの異なる分子が溶けた溶液を流すと，大きい分子が先にカラムから出てきて，小さい分子ほど後から出てくる．大きい分子は細孔に入り込めないので，寄り道をしないで出てくるが，小さい分子は細孔の中を通って長い距離を通ってくるために遅く出る（図5・5）．細孔が開いた粒子としては高分子ゲルなどが用いられる．この原理を利用して分子を分離する方法を**ゲル浸透クロマトグラフィー**（gel permeation chromatography, GPC）といい，分子量の異なる有機分子や高分子を分離するのに使われる．

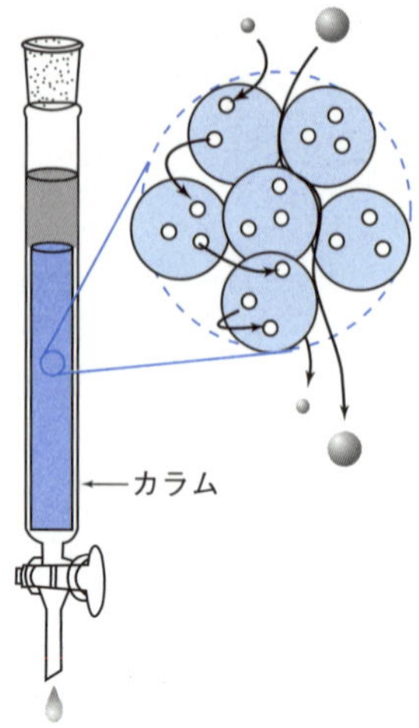

図5・5　**ゲル浸透クロマトグラフィー**

イオン交換

サイズではなく，静電相互作用を積極的に利用して混合物の分離を行うのが**イオン交換**（ion exchange）である．イオンの分離には，たとえば，スルホ基 $-SO_3H$ あるいは第四級アンモニウム（$-NR_3{}^+$, R はメチル基など）をもつ高分子を用いる（図5・6）．$-SO_3H$ はプロトンを放出して負電荷をもった $-SO_3{}^-$ と平衡状態になっている．ここに NaCl 水溶液を流すと，Na^+を捕まえて，$-SO_3{}^-\cdot Na^+$になる．つまり，溶液中の Na^+が H^+に交換されたことになる．このプロセスを**陽イオン交換**（cation exchange）という．

さらに塩酸 HCl を流すと，Na^+は追い出され，$-SO_3H$ となって再生される．

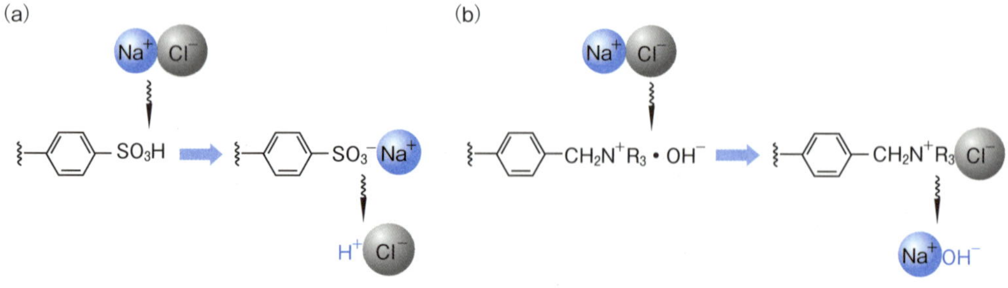

図5・6　**陽イオン交換（a）と陰イオン交換（b）**

これに対し，$-NR_3{}^+$は正電荷をもつので，塩基性水溶液中では OH^-イオンと，$-NR_3{}^+\cdot OH^-$のように対になっている．ここに NaCl 水溶液を流すと，Cl^-を捕まえて，$-NR_3{}^+\cdot Cl^-$になる．つまり，溶液中の Cl^-が OH^-

に交換されたことになる．このプロセスを**陰イオン交換**（anion exchange）という．

イオン交換用の高分子は，イオン交換クロマトグラフィー用の樹脂として，あるいは膜状にしたイオン交換膜として使われる．

さらに塩基性水溶液を流すと $-NR_3^+ \cdot OH^-$ が再生される．

イオンを含んだ水を陽イオン交換樹脂と陰イオン交換樹脂に通すと，水中に存在する陽イオンは H^+ に交換され，陰イオンは OH^- に交換される．純水の製造はこの仕組みを利用している．

分　割

エナンチオマーは互いに全く同じ物理化学的性質を示すので，通常の方法では分離するのは難しい．ただし，同じ性質を示すのは，まわりに別のエナンチオマーが存在しない場合に限られる．あるキラルな分子 A にエナンチオマー A_R と A_S があり，また別のキラルな分子 B の一方のエナンチオマー B_R があるとしよう．

エナンチオマーについては，2 章を参照．

図 5・7 のように，A_R が B_R と最適な相互作用をする場合（凸と凹，正と負がちょうど向かい合っている），A_S は B_R と最適な相互作用ができない（凸と凹を向かい合わせると，正と正，負と負が向かい合ってしまう）．このように，A_R と B_R の分子間相互作用と A_S と B_R の分子間相互作用は同じではないことがわかる．

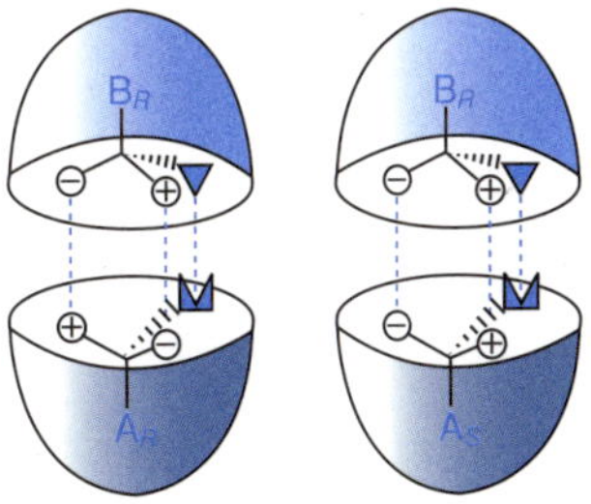

図 5・7　エナンチオマー間の分子間相互作用

生体内のアミノ酸や糖などの有機分子はキラルなものが多く存在する．そのため，生体内はキラルな環境にあるといえる．したがって，薬など体の中で使う有機分子は，必要なエナンチオマーだけに精製する必要がある．

片方のエナンチオマーだけを合成する方法については「3. 分子認識を利用した反応」を参照．

固定相にエナンチオマーを用いてカラムクロマトグラフィーを行えば，固定相に対する親和性は区別したい分子のエナンチオマー間で異なるので分離することができる．さまざまなエナンチオマーを固定化したカラムクロマトグラフィー用の固定相が開発されている．このように，エナンチオマーを分離することを**分割**（resolution）という．

分子間相互作用を利用して，さまざまな物質の分離が可能となっている．

2. センシング機能

ホスト分子による選択的なイオンや分子の認識によって，光などのシグナルの変化を引き起こすことができれば，認識したイオンや分子のセンサーをつくることができる．

発光センサー：fura-2

細胞内の Ca^{2+} の検出に使われる fura-2 を例にとって，イオン濃度を発光で検出する分子センサーの仕組みを見てみよう．fura-2 の構造を図 5・8 に示す．

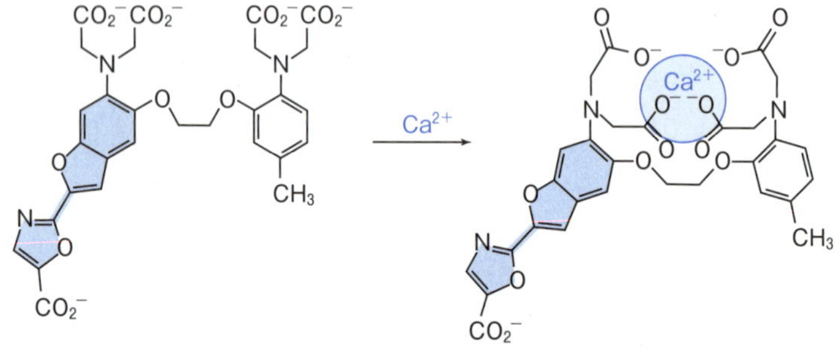
Ca2+

図 5・8　fura-2 と Ca^{2+} の結合

fura-2 は，Ca^{2+} を選択的に検出する蛍光性分子である．Ca^{2+} の選択性は構造式上部の化学構造により，蛍光は水色部分の電子遷移による．水色部分の上側のベンゼン環にはアミノ基とアルコキシ基が付いていて，どちらも電子供与性基である．そこで，この水色部分では上のベンゼン側が電子ドナー，下のオキサゾール環（窒素と酸素を含む 5 員環）が電子アクセプターとなっている．共役系分子で一方の端が電子を押して（プッシュ），もう一方の端が電子を引っ張る（プル）ので，プッシュ-プル型ともいう．

一般に，プッシュ-プル型分子は，基底状態でも電子が少しアクセプター側に偏っているが，光を吸収して励起状態になるとこの偏りは極端になる．近似的にはドナーの電子がアクセプターに移ると考えればよい．このように電子（電荷）が移動することによる光吸収を**電荷移動吸収**（charge-transfer absorption）という．

ドナーの近辺に Ca^{2+} が捕えられた状況を見てみよう．図 5・9 に示したように，Ca^{2+} はその正電荷のため，ドナー部分の分子軌道のエネルギーを下げる．したがって Ca^{2+} がドナー近辺に捕えられている場合には，ドナーからアクセプターへの電荷移動吸収には余分のエネルギーが必要になる．つまり，吸収帯が短波長にシフトする．fura-2 の場合には 365 nm で

軌道エネルギーとは，その軌道に入る負電荷をもつ電子のエネルギーのことなので，静電相互作用によって，正電荷が近づけば下がるし，負電荷が近づけば上がる．

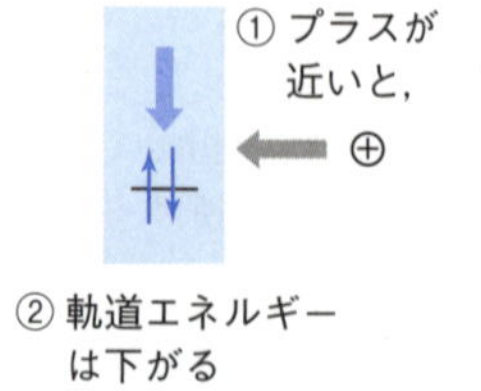
① プラスが
近いと，
⊕
② 軌道エネルギー
は下がる

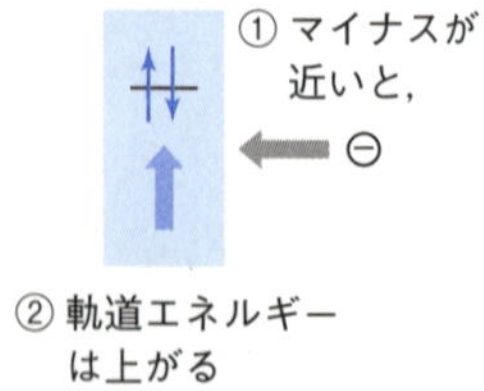
① マイナスが
近いと，
⊖
② 軌道エネルギー
は上がる

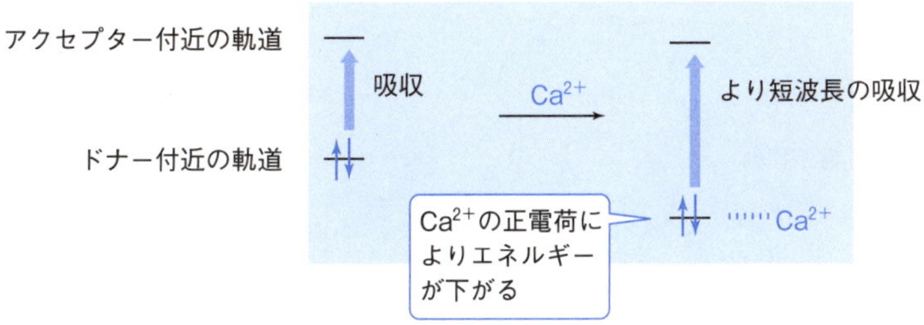

図5・9　電荷移動吸収. Ca^{2+}がドナー付近に近づくと，その正電荷のためにドナー付近の軌道のエネルギーが下がる．そのために，吸収のエネルギーは増大し，短波長シフトとして現れる．

あった吸収が Ca^{2+} によって 340 nm に短波長シフトする．このように吸収スペクトルがずれると，ある決まった波長で励起したときの吸光量が変化し，発光強度が変化するので，Ca^{2+}の検出ができる．実際には，二つの波長で励起したときの発光強度の比を調べる．fura–2 による Ca^{2+}の検出は，イオンとの結合が発光に関係する分子軌道に直接影響することによる発光の変化をセンサーとして利用する例である．

発光センサー：PET センサー

fura–2 とは違い，検出するイオンが発光部分の分子軌道に直接影響しない機構の発光センサーに **PET センサー**(PET sensor)がある．図5・10 に示したのは K^{+}を認識するクラウンエーテル部位と発光部位であるアントラセンを結合した分子である．アントラセンを光励起すると，アントラセンの励起一重項状態ができる（①）．K^{+}が結合していないときは，アミノ基からアントラセンへ電子移動が起こるために（②），アントラセンは発光しない．その後，アントラセン上の余分の電子はアミノ基へ戻り，元の状態になる．

PET：photoinduced electron transfer

ところが，クラウンエーテルが K^{+}を取込むと，アミノ基上の非共有電子対も K^{+}に引き寄せられるので，アントラセンのほうに移動できなくなる．したがって，K^{+}と結合している状態でアントラセンを励起すると（③），アントラセンの発光が見られる（④）．つまりこの系は，K^{+}を発光で検出するセンサーとなる．また，K^{+}の有無が発光のオン・オフに対応する発光のスイッチとみなすこともできる．

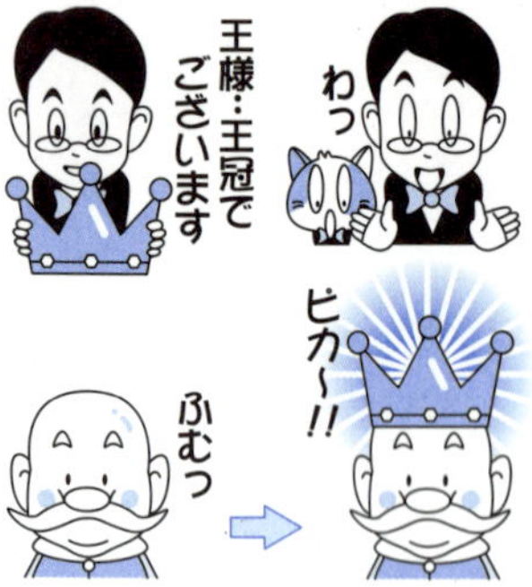

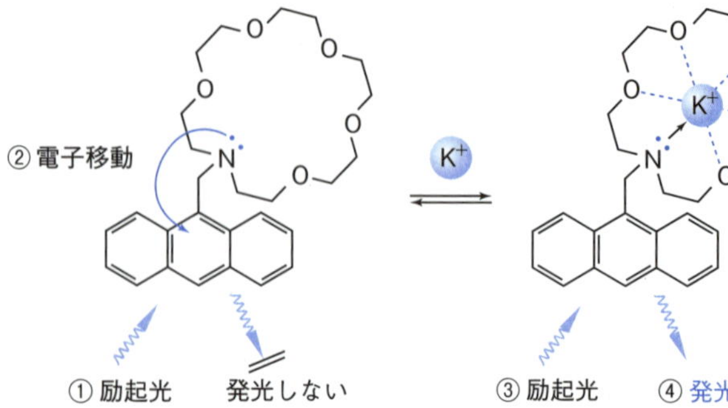

図 5・10　**PET センサー**．K^+がないと，電子移動が起こるために発光しないが，K^+を取込むと発光する．

この発光のスイッチング現象を分子軌道から理解しよう．アントラセンとアミノ基は共役系でつながっていないので，説明の都合上，それぞれ独立した分子であると考えよう．K^+が存在しないときにはアントラセンの HOMO よりもアミノ基の HOMO（窒素の非共有電子対が収容されている）のほうがエネルギーが高い（図 5・11 の (a)）．アントラセンが光を吸収して励起状態になるということは，HOMO の電子 1 個が LUMO へ移動することである．すると，アントラセンの空いた HOMO へアミノ基の HOMO から光誘起電子移動が起こる（b）．HOMO は埋まってしまったので，

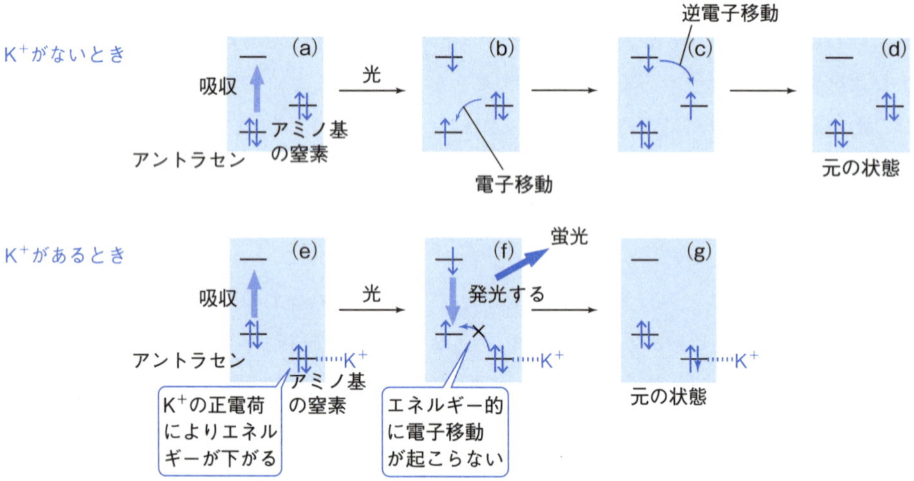

図 5・11　**発光スイッチング現象の分子軌道による説明**

LUMO に上がった電子は HOMO へ落ちて発光するチャンスがなくなり，結局，光を出さないまま，アントラセンからアミノ基へ逆電子移動が起こって（c），元の状態に戻る（d）.

K^+がクラウンエーテル部位に取込まれると，アミノ基窒素のすぐそばに正電荷がくることになる．静電相互作用によってアミノ基上の分子軌道は安定化される（e）（上で述べた「K^+に引き寄せられる」というのと同じことを別の表現で表している）．光励起するとアントラセンの HOMO の電子が LUMO に上がり，HOMO に空席ができるのは前と同じである（f）．ところが今度は，アミノ基の軌道エネルギーがアントラセンの HOMO より低いので，電子移動が起こらない．アントラセンの LUMO に移った電子はそのまま戻ることができて，その際に蛍光を出して元に戻る（g）.

化学発光：血液センサー

いままで述べてきた発光は，光によって生成した励起状態からの発光であった．このような発光を**フォトルミネセンス**（photoluminescence）という．これに対し，化学反応によって生成した励起状態からの発光を**化学発光**（chemiluminescence）という．フォトルミネセンスと化学発光は励起状態ができるまでの過程が異なる．ただし，励起状態ができた後の過程や発する光には区別はない.

ルミネセンスは発光という意味で，蛍光（一重項からの発光）やりん光（三重項からの発光）を含む.

化学発光の代表的な例として**ルミノール**（luminol）の発光がある．ルミノールを塩基性水溶液中で過酸化水素で酸化すると，窒素を放出してアミノフタル酸の励起一重項状態が生成する．この状態から青白い蛍光（発光極大波長が 430 nm）を発する（図 5・12）.

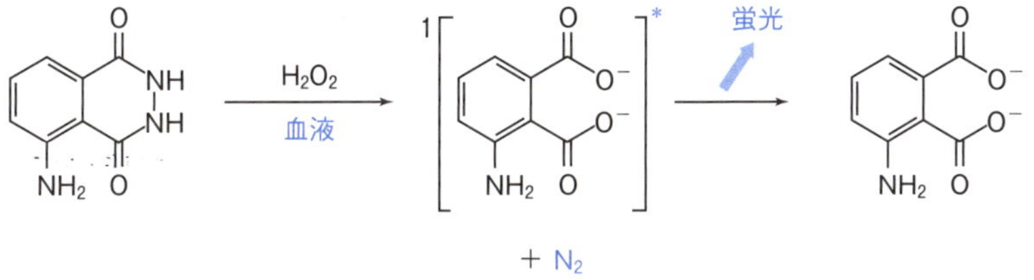

図 5・12　**ルミノール発光.** 式中央の分子の左上の 1 は一重項を，右上の＊は励起状態であることを表す.

血液中に含まれるヘモグロビン（6章参照）中のヘムが，この反応の触媒となるので，血液が存在するとこの反応が速やかに進行し，明るい発光が観察される．この反応は，血痕の検出に用いられる．

発色センサー

発色センサーは分析対象物と結合したときの吸収スペクトルの変化を利用する．fura-2 も Ca^{2+} と結合すると吸収スペクトルが変化するので，原理的には発色センサーとしても用いることができるが，発光を測定するほ

レシオメトリック検出法

検出対象物質と結合したとき，吸収または蛍光の“強度”が変化するタイプのセンサーでは（図1a），センサー分子自体の濃度を一定にする必要がある．そうでないと，強度が変化しても，検出対象物質の濃度が変化したのか，センサー分子の濃度が変化したのか区別できない．

これに対して，検出対象物質と結合したとき，吸収または蛍光の“波長”が変化するタイプのセンサーでは（図1b），センサー分子の濃度が少々変化しても，2波長の強度比は，ほぼ検出対象物質の濃度だけで決まる．このように比（ratio）を用いて定量する方法を**レシオメトリック**（ratiometric）な検出法という．細胞中のようにセンサー分子の濃度をコントロールするのが難しい場合に威力を発揮する．

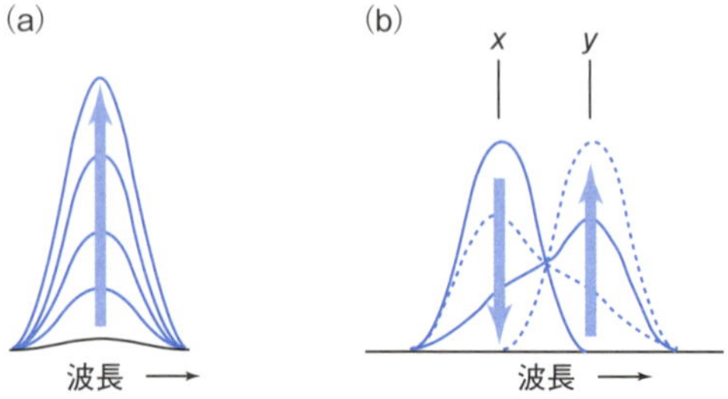

図1　センサーのタイプ．（a）分析対象物質の濃度によって吸収または発光の“強度”が変化するタイプ，（b）吸収または発光の“波長”が変化するタイプ．波長 x と y の強度の比をとる．

うが感度がよいので，発光センサーとして用いられる．

3 章で述べた pH 指示薬も H^+ と結合・解離することによって吸収スペクトル，すなわち色が変化する発色センサーの一種である．

ポイント!

イオンや分子を選択的に認識する機能を利用して，さまざまなセンサーが開発されている．

3. 触媒などを利用した選択的反応

分子どうしは分子間相互作用をすることで，はじめて反応が起こる．この際に精密な分子認識を行えば，特定の分子に特定の反応を起こすことが可能になる．また，分子により構築された特殊な空間を反応の場とすると，普通の溶液ではできないような反応を起こさせることができる．

不 斉 触 媒

触媒（catalyst）とは，① 反応を促進し，② それ自身は反応の前後で変化しない，という両方の条件を満たす物質のことである．

エナンチオマーを選択的に合成するために，**不斉触媒**（chiral catalyst）が開発されている．有名な不斉配位子 BINAP は，四つの違う置換基と結合した炭素原子をもたないにもかかわらず，キラルである（図 5・13）．BINAP 中では，二つのナフタレン環が単結合によってねじれてつながっており，ねじれ方が反対の分子と互いに鏡像の関係になる．一般に単結合は回転することができるが，このナフタレン環の間の単結合は回転しよう

ここで述べたような不斉合成反応，不斉触媒の開発の業績により，野依良治氏は 2001 年度ノーベル化学賞を受賞した．

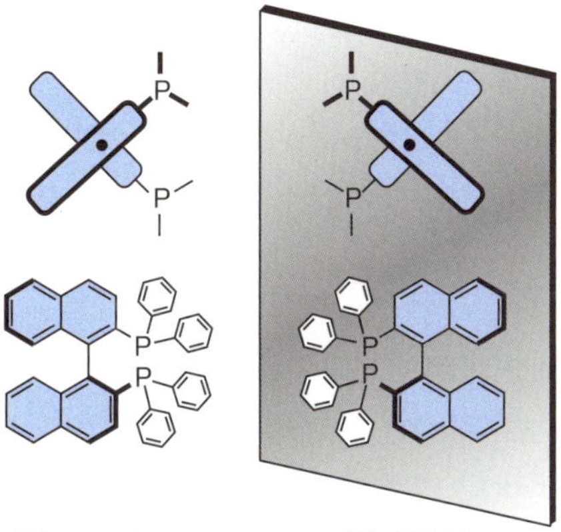

(*S*)-BINAP　(*R*)-BINAP

図 5・13　不斉配位子 BINAP

とするとぶつかり合うために（**立体障害**（steric hindrance）という），ねじれを反転することができない．そのため，この分子は一方のエナンチオマーに固定化されている．BINAP 中のリンが金属イオンに配位した金属錯体はすぐれた不斉反応の触媒となる．

図5・14に，(−)-メントールを選択的に合成する途中の段階を示した．分子**1**の C_1（位置番号1の炭素）の水素が1個 C_3（位置番号3の炭素）に移動する反応である．このとき水素が，C_3の紙面の表側に移動してできる分子と，裏側に移動してできる分子は互いにエナンチオマーになる．

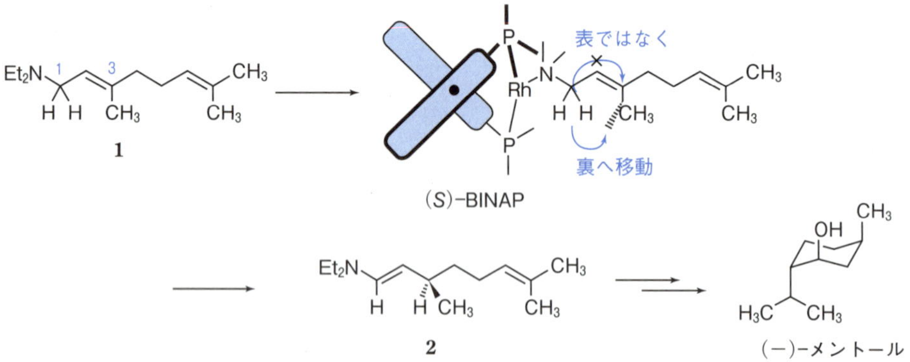

図5・14　BINAP による不斉触媒の機構．（−)-メントールの合成．R. Noyori, *Angew. Chem. Int. Ed.*, **41**, 2008(2002) をもとに作成．

不斉合成は医薬品などの開発に有用であり，有機化学の分野で最も活発に研究が行われている分野の一つである．

この段階での(*S*)-BINAP の Rh（ロジウム）錯体と分子**1**が結合した反応中間体では，BINAP と結合することによって，C_3の表側と裏側で環境が異なる．水素はC_3の裏側から結合し，**2**が選択的に生成する．この後，数段階を経て（−)-メントールができあがる．BINAP 錯体と分子**1**が結合することによって，結合していないときには全く区別のない分子の表裏が区別されるようになっている．

デンドリマーの空間を利用する

デンドリマーについては2章のコラムも参照のこと．

デンドリマーは外側にいくにつれて枝の数が，表面積の増加以上に増えるので，外側が密に詰まっていても，内部には比較的空間が空いている．ここでは，デンドリマーの内部空間を利用した試みの中から，金属ナノ粒子の合成を見てみよう．

ナノ粒子（nanoparticle）は文字通り 1 から数 100 nm までのサイズの粒子のことであるが，特徴的な性質を示すのはサイズが数 nm 以下のものである．このサイズでは，電子軌道にとびとびのエネルギーだけが許されるようになり，大きなサイズの材料とは違う性質を表す．このような効果を**量子効果**（quantum effect）という．

分子にはもともと量子効果がはっきり現れていて，分子軌道にはとびとびのエネルギーだけが許されている．

3 価の金 $HAuCl_4$を還元剤 $NaBH_4$で還元すると，金属の金，すなわち 0 価の Au ができる．普通に水溶液中で混ぜたときは，凝集した金粒子が生成する．一方，デンドリマー PAMAM がいっしょに溶けた状態で還元反応を行うと，金のナノ粒子ができる（図 5・15）．

この仕組みは，つぎのように考えられている．金イオンはデンドリマー内部の窒素と相互作用し，デンドリマー内部に濃縮される．還元剤が加わると 0 価の金ができるが，反応がデンドリマー内部だけで起こるので，ナノ粒子が生成する．また，できたナノ粒子もデンドリマー内部に閉じ込められているために，ナノ粒子どうしがくっ付いて大きな粒子になってしまうことを防ぐことができる．

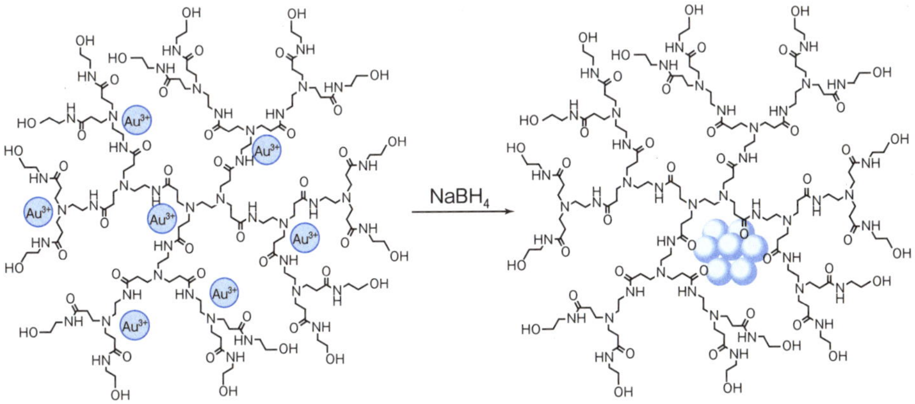

図 5・15　デンドリマー PAMAM を利用した金属ナノ粒子の合成

6

生命を担う有機分子の機能

はじめに有機分子がつくり出され，やがて生命が誕生した．それから40億年の進化を経て地球上に存在する生物は，究極の機能をもつ分子集合体であるといえる．生物中の反応，生命情報の保存や読み出し，複製，細胞の形成，そしてエネルギー変換など，生命の維持に必要な事柄は，すべて生命を担う有機分子が絶妙なバランスで進行させている．生命は，私たちが有機機能材料などをつくり出すときのよい手本となる．

1. タンパク質の機能

タンパク質は機能性分子の代表的なものであり，生体中でさまざまな役割を果たしている．ここでは，代表的なタンパク質の機能について，いくつか見てみよう．

ポイント!

タンパク質の構造と機能のかかわりについて知ることは，生命活動を理解するうえで重要である．

タンパク質のコンホメーション

タンパク質にとって，**コンホメーション**（conformation）がその働きを決める際に非常に重要となる．コンホメーションは，構成アミノ酸の間のさまざまな相互作用の総和で決まる．

コンホメーションとは分子の立体構造のことである．

主鎖のペプチド結合 −CONH− は水素結合の形成に適した構造であり，タンパク質の立体構造に大きな影響を与える．水素結合の結果，いろいろなタンパク質によく見られる α ヘリックスと β シート構造が形成される（図6・1）．

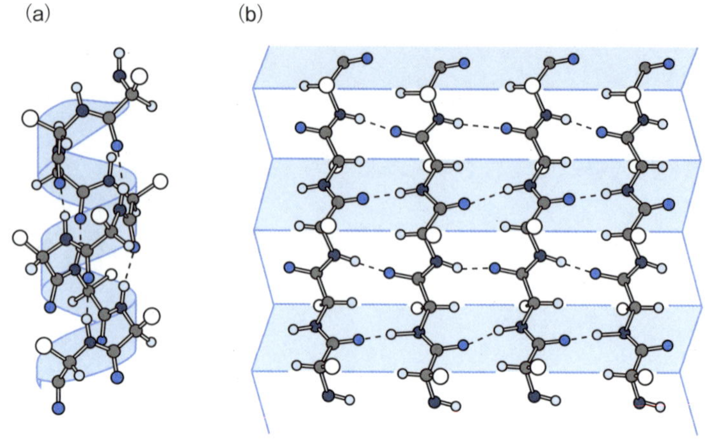

図６・１　**αヘリックス(a) およびβシート(b)．** --- は水素結合，○ は側鎖．

αヘリックス（α–helix）は，ポリペプチド鎖が右巻きらせんを形成したもので，主鎖の NH--- OC の水素結合によって安定化され，側鎖は外側に張り出している．**βシート**（β–sheet）は，伸びたポリペプチド鎖が横に並んだもので，やはり主鎖の NH--- OC の水素結合によって安定化され，平板状になっている．このとき，側鎖は交互に平板の上下に張り出している．

上記のような主鎖間の水素結合に加えて，水素結合性側鎖間や，水素結合性側鎖と主鎖との水素結合も重要である．

そのほか，タンパク質のコンホメーションを決める要素として，以下のものがあげられる．

pH によっては，図６・２に示すように酸性アミノ酸はプロトンを解離して負電荷をもち，塩基性アミノ酸はプロトンを受容して正電荷をもつので，これらの電荷間には静電相互作用が働く．また，疎水性側鎖間にはファンデル ワールス力が働くが，あわせて疎水性相互作用も大変重要である．

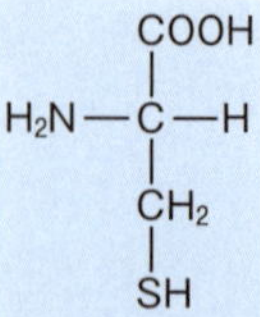

システイン

システインのメルカプト基 –SH は，酸化されてジスルフィド –S–S– になる．ジスルフィドは還元されれば元のメルカプト基に戻るので，この反応は可逆である．

システイン–SH ＋ HS–システイン ⇄ システイン–S–S–システイン

タンパク質中の離れた位置にあるシステイン間で架橋を形成するので，タ

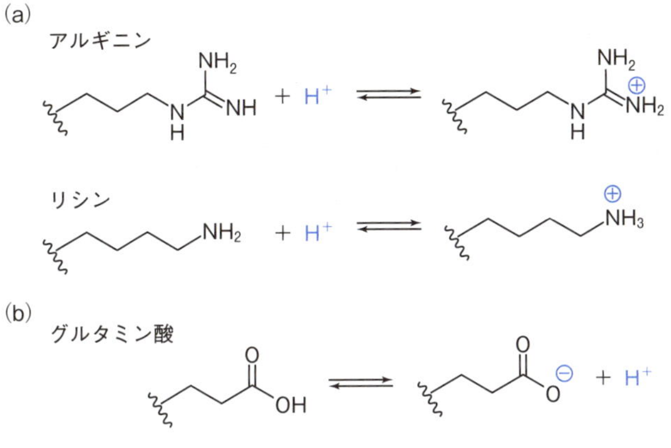

図6・2　**塩基性アミノ酸(a)および酸性アミノ酸(b)．** 側鎖のみを示した．

ンパク質の構造を大きく変化させることがある．

ヘモグロビン

タンパク質の例として，ヘモグロビンを見てみよう．**ヘモグロビン**（hemoglobin）は，酸素分子を運搬する赤血球中に含まれるタンパク質である．酸素が豊富な肺で酸素を結合し，血液中を移動し，酸素が不足している末梢組織で酸素を解離する．

また，末梢組織で発生した二酸化炭素を結合して肺に戻す役割もある．

ヘモグロビンは，一つのポリペプチドではなく，四つのポリペプチドが分子間相互作用によって会合してできたタンパク質である．ここで，それぞれのポリペプチドを**サブユニット**（subunit）という．ヘモグロビンは，アミノ酸が約150個つながった2種類のサブユニット（サブユニットαとサブユニットβ）が二つずつ，計四つのサブユニットからなる．

図6・3(a)にヘモグロビンの立体構造を示した．各サブユニットに，**ヘム**（heme あるいは haem）とよばれる鉄を含んだ分子が結合している．ヘムは窒素原子を4個もっていて，中心の鉄イオンに配位結合している（図6・3b）．中心の鉄イオンには，ポリペプチド中のアミノ酸であるヒスチジンの窒素も配位している．鉄はさらにもう一つ配位子を受け入れることができ，そこに酸素が結合する．

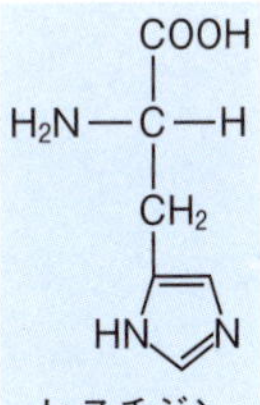

ヒスチジン

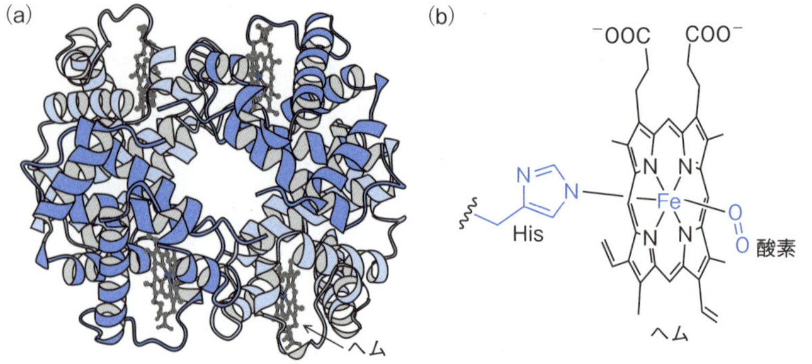

図 6・3　ヒトのヘモグロビンの構造(a)およびヘムと酸素の結合(b)． (a)は J. M. Berg, J. L. Tymoczko, L. Stryer 著,「ストライヤー 生化学 第 5 版」, 入村達郎, 岡山博人, 清水孝雄 監訳, 東京化学同人(2004)より．

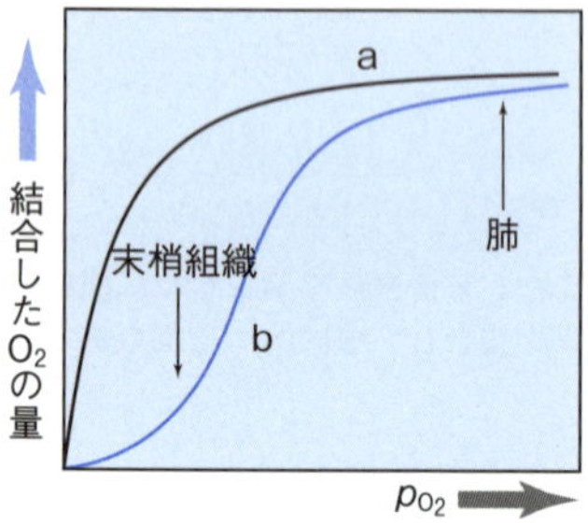

図 6・4　酸素分圧とヘモグロビンに結合する酸素の量の関係

アロステリズム

ヘモグロビンと酸素分子の結合と解離が普通の平衡反応,

［ヘモグロビン］＋ p_{O_2} $\rightleftarrows$ ［ヘモグロビン・$4O_2$］

であるとすると（ここで p_{O_2}は酸素の分圧），酸素分圧に対して酸素の結合量をグラフにすると，図 6・4 の a のような曲線が期待される．ところが，実際は b のような“S”字形曲線になる．

曲線 b は曲線 a と比べると，末梢組織あたりの酸素分圧のところで酸素を効率よく手放すのに都合がよいことがよくわかる．ヘモグロビンは四つのサブユニット間の分子間相互作用を巧みに利用して，この S 字カーブを実現している．その仕組みは，つぎのようなものである．

酸素分子が一つも結合していないヘモグロビンには酸素は結合しにくい．ところが，1 個の酸素分子が結合すると，それに伴って酸素が結合したサブユニットのコンホメーションが変化する．このことは分子間相互作用を通じて残りのサブユニットのコンホメーションを変化させ，より酸素と結合しやすい形に変える．だから，2 個目，3 個目，そして 4 個目の酸素分子は結合しやすくなる．このように，1 個目の結合がその後の結合のしやすさに影響を与えることを**アロステリズム**（allosterism）という．

酸素分圧が低いところでは，最初の 1 個が結合しにくいので，ほとんど結合しないが，ある程度以上の酸素分圧では急激に結合しやすくなるために，S 字形の結合曲線になる．

特異的に反応させる機能：酵素

細胞の中にはきわめて多くの種類の分子が存在している．生きていくためには，これらの分子の中から特定の分子を選んで，特定の反応を起こさせる必要がある．この役割を果たすものが，**酵素**（enzyme）である．

酵素はタンパク質でできた触媒で，生体内の反応を促進する．ここで，酵素の触媒作用を受けて反応する物質を**基質**（substrate）という．

触媒作用をもつ RNA も知られており，リボザイム（ribozyme）とよばれる．

酵素の第一の特徴は，数多くの分子の中から，特定の分子に対する特定の反応にのみ触媒作用を示すことであり，このことを**特異性**（specificity）という．そのほかにも，体温付近で，水中で，pH 7 の中性付近で，反応を大きく加速するという特徴がある．表6･1のように，フラスコ中で行う反応と比べると，これらの特徴が際立つことがわかる．

表6･1　酵素反応の特徴

	酵素反応	フラスコの反応
特異性	高い．混合物中の特定の基質の特定の反応だけを加速する	低い．分子が違っても，同じ官能基は同じように反応する
温度	体温付近で加速される	高温ほど加速される
反応媒体	水	しばしば有機溶媒が用いられる
pH	中性	反応を加速するために，酸や塩基が用いられることも多い

酵素がどのように特定の基質を認識し，反応を加速するのか，キモトリプシンを例として見てみよう．**キモトリプシン**（chymotrypsin）は，タンパク質の加水分解反応を促進する酵素である．タンパク質のポリペプチド鎖中の，芳香族アミノ酸のカルボキシ基側のペプチド結合を加水分解する．

側鎖 R にベンゼン環を含む構造をもつものが芳香族アミノ酸（フェニルアラニン，チロシン，トリプトファン）である．

キモトリプシンの構造を図6･5に示す．ここで，水色のひも状の構造はポリペプチド鎖を表す．疎水性のアミノ酸で囲まれた“疎水ポケット”といわれるくぼみがあって，ここに基質中の芳香族アミノ酸の側鎖がはまり込む．これが，キモトリプシンが芳香族アミノ酸を認識する理由である．

基質と酵素の関係は，しばしば鍵と鍵穴に例えられる．

疎水ポケットの入り口付近に，セリン（Ser195），ヒスチジン（His57），アスパラギン酸（Asp102）が位置している．これらのアミノ酸が共同して

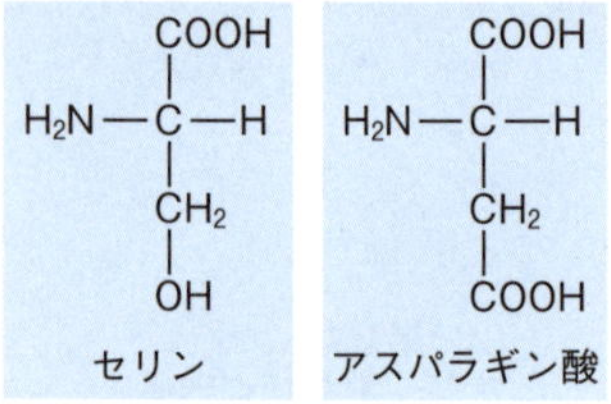

ヒスチジンの構造については p. 97 の脚注参照.

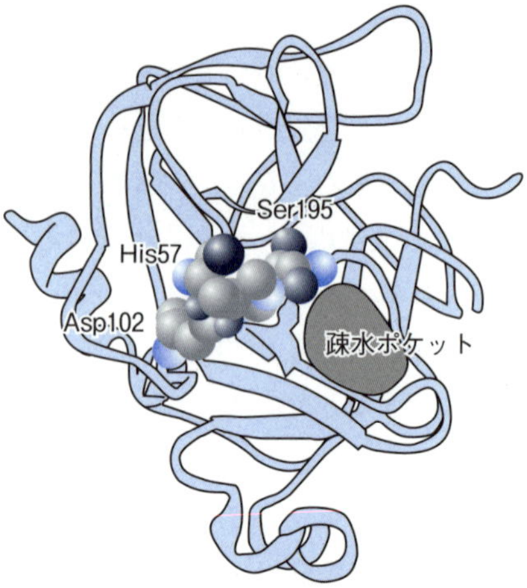

図 6・5　**キモトリプシンの構造.** PDB ID：ACHA；H. Tsukada, D. M. Blow, *J. Mol. Biol.*, **184**, 703 (1985) をもとに作成. Ser195, His57, Asp102 はそれぞれ, N 末端から 195 番目のセリン, 57 番目のヒスチジン, 102 番目のアスパラギン酸を示す.

基質の加水分解を促進する.

図 6・6 に, キモトリプシンの触媒作用の機構を示す. 芳香族アミノ酸が疎水ポケットにはまり込むと, ちょうど都合よく配置されている Ser195 の酸素が, 基質のペプチド結合の電子不足の炭素を攻撃する. これは, Asp102 から His57 を経た水素結合を通して H^+ が引っ張られ, Ser195 の酸素が電子が過剰な状態になり, 基質の電子不足の炭素を攻撃する能力が上がっているために起こる.

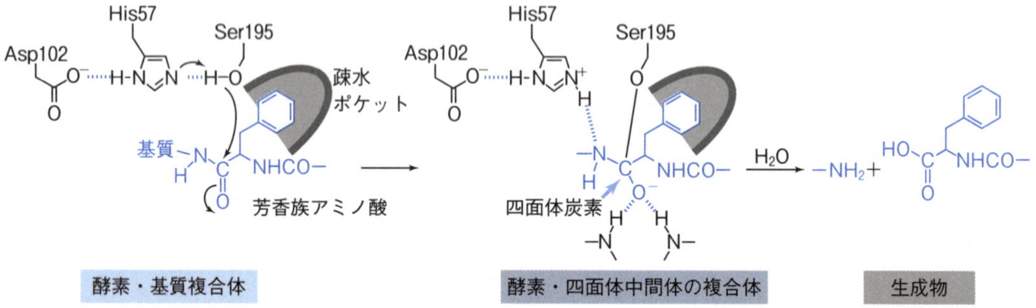

図 6・6　**キモトリプシンの触媒機構.** ········ は水素結合を, 曲がった矢印は電子対の移動を表す.

Ser195に攻撃された炭素は四面体構造をとる．この状態は，反応が進行するために越えなければいけないエネルギーが高い状態である．酵素との複合体中では，この状態が数多くの水素結合などによって安定化されているので，必要なエネルギーが低くなり，反応が加速される．

その後，炭素と窒素間の結合が切れ，水分子が加わって，加水分解反応が進行する．

化学反応が起こるためには下記のような高エネルギー状態の山を越えなければいけない．この山を越えるのに必要なエネルギーを活性化エネルギーという．

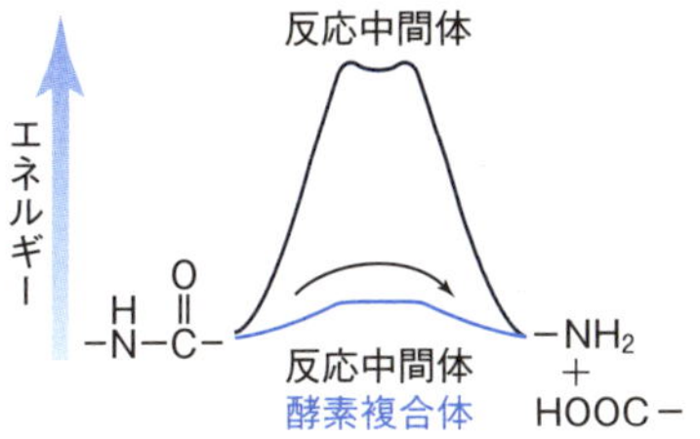

2. 情報の記録・読み出し機能

遺伝情報はDNAに記録されており，保存，複製される．読み出されるときには，DNAの情報はRNAに伝えられ，RNAの情報に基づいてタンパク質が合成される．ここでは，これらの仕組みを見ていこう．

DNA→RNA→タンパク質

ポイント!

遺伝において中心的な役割を演じているのが核酸（DNA, RNA）であり，いわば核酸は“生命の設計図”である．

DNAの複製

一つの細胞にDNAは1セット備えられているが，細胞分裂のときには全く同じDNAがもう1セット複製されて，それぞれの細胞に分配される．

複製時には二重鎖がいったんほどけて，1本ずつが鋳型として働き，AとT，CとGが向かい合い，これら核酸塩基が結合して，それぞれの一本鎖が二本鎖になる．

新しいデオキシヌクレオチドは三リン酸の形で運ばれてくるが，一つ目のリン酸だけが取込まれて，DNAが延びていく（図6・7）．この反応を触媒する酵素を**DNAポリメラーゼ**（DNA polymerase）という．

新しくできる娘DNA鎖は，5′末端側から3′末端側へ延長される．親DNAの二重鎖がほどけるにつれて，一方の鎖上では娘DNAは都合よく5′末端側から3′末端側へ延長ができるが（図6・8の上側），もう一方の鎖上では，鎖の向きが反対になるために，連続的に延長することができない（図6・8の下側）．この場合には，1000から2000個のデオキシヌクレオチドごとに娘DNAが5′末端側から3′末端側へ成長する．これらのDNA断片は，後から**DNAリガーゼ**（DNA ligase）という酵素によってつなぎ合わされて，親と同じDNA鎖が完成する．

DNA鎖の方向はデオキシリボースの炭素の番号を用いて表す（RNAも同様）．

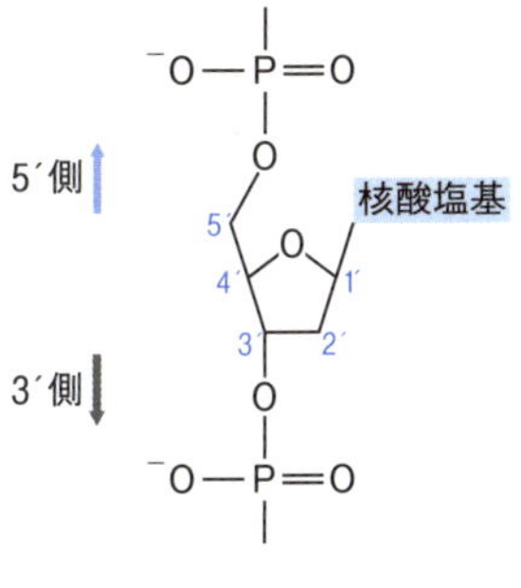

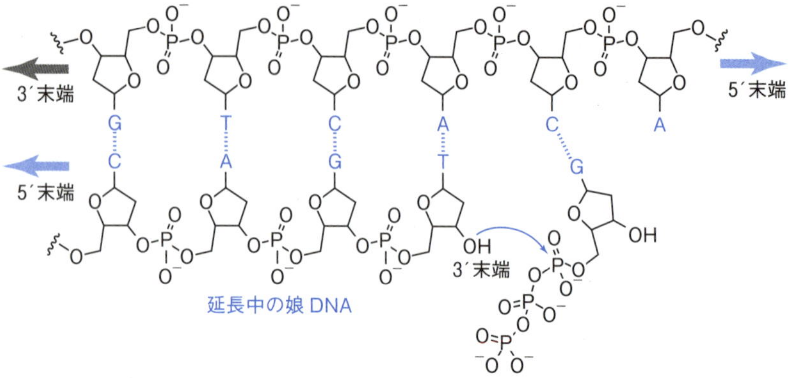

図 6・7　DNA の複製

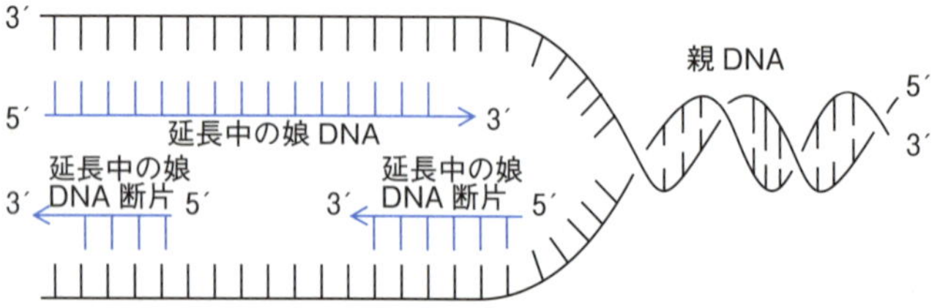

図 6・8　DNA の複製の方向

DNA情報の読み出し

DNA の A, C, G, T の配列は，タンパク質の設計図であり，その情報に従って特定のタンパク質が合成される．その流れを図 6・9 に示した．

タンパク質を合成するときも DNA の二本鎖がほどけ，遺伝情報をもったほうの鎖と相補的な塩基配列をもったメッセンジャー RNA（mRNA）が合成される．この合成過程で，DNA の 3′ から 5′ の方向に塩基配列が読み取られ，mRNA が 5′ から 3′ の方向につぎつぎとつながっていく．

つぎは，mRNA の情報がそれぞれ特定のアミノ酸をもったトランスファー RNA（tRNA）に伝わる．このとき mRNA のうち，DNA 情報を移し取った部分の塩基配列 3 個によってどのアミノ酸をもった tRNA と結合するかが決まる．たとえば，ACU はトレオニンという具合いである．この mRNA 上の塩基の三つ組のことを“コドン”といい，コドンと相補的

コドンは 4 種類の塩基 3 個の組合わせであるから，$4^3=64$ 個の組合わせが可能である．このうち，61 種類の組合わせが実際に使われていることがわかっている．しかしアミノ酸は 20 種類であるから，同じアミノ酸を指定するコドンが何組かあることになる．

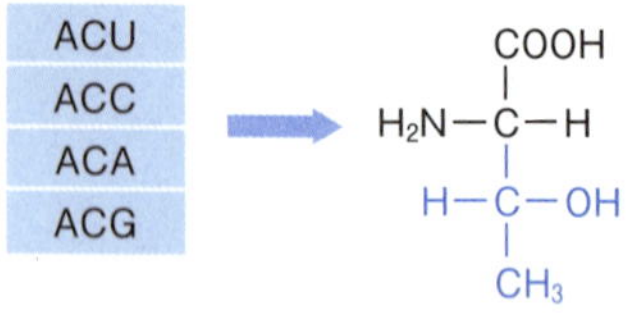

トレオニン

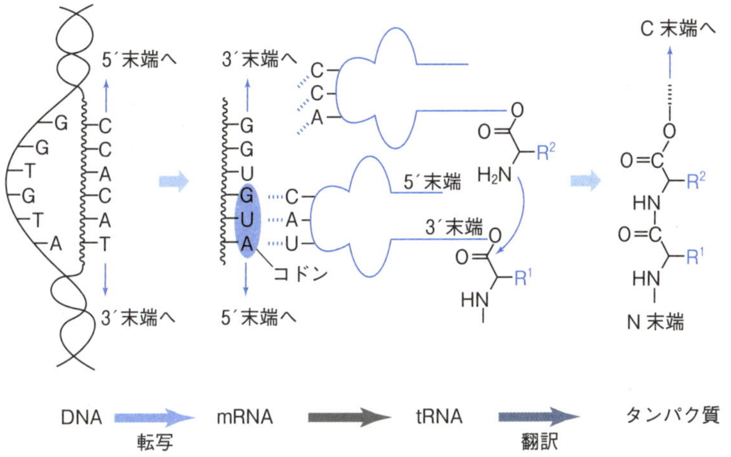

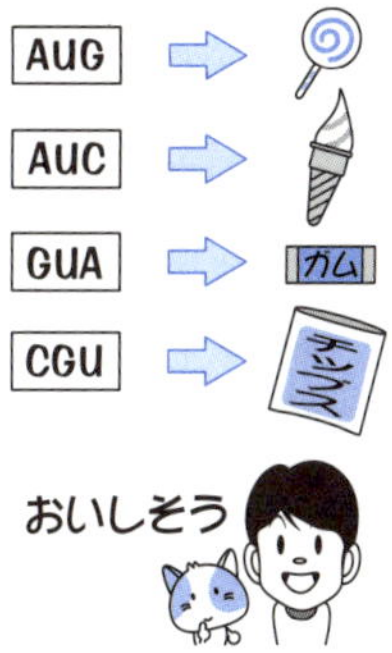

図6・9　**DNA情報の読み出し.** DNAの情報に従って，mRNA，tRNAを経てタンパク質ができる.

なtRNA上の塩基配列の三つ組を“アンチコドン”という．このようにしてDNA中の塩基配列が決まると，生成するタンパク質のアミノ酸の順番が決まる.

ポリペプチドは，そのC末端側（カルボキシ基側）にtRNAに結合していたアミノ酸が順々にペプチド結合OC−NHを形成することによって成長し，タンパク質ができる.

3. 生体膜の機能

生物は細胞の集合体として存在しているが，そもそも細胞が細胞として成り立つのは，細胞の外から細胞の中の環境が区切られていることが前提となる．この外と内を区切る役割をしているのが**細胞膜**（cell membrane）である.

区切るからといって，内側を外界から遮断してしまっては生きることができないので，細胞膜には必要な物質や情報を取入れ，不要な物質を排出するという高度な機能も要求される.

生 体 膜

ここでいう呼吸とは，有機物質を酸化してエネルギー変換をすることである．

ポイント!

膜によって区切られた空間で生命を維持するための化学反応が行われる．

細胞の中にも，呼吸をするミトコンドリアや光合成をする葉緑体などの細胞小器官が存在するが，これらも同様の膜で区切られている．細胞膜やこのような膜を総称して**生体膜**（biomembrane）とよぶ．生体膜は脂質とタンパク質とそして糖鎖からなっている（図 6・10）．

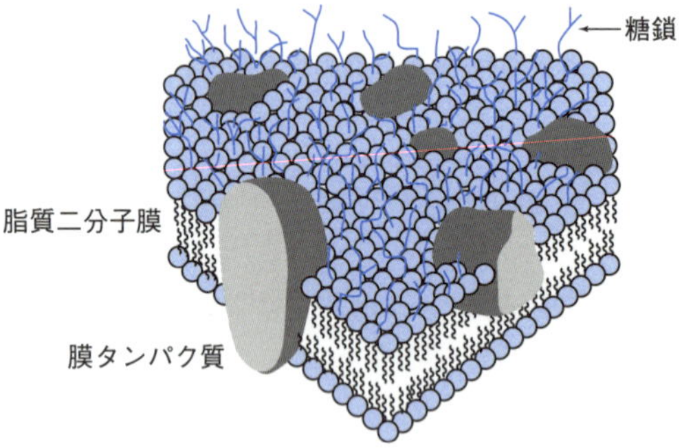

図 6・10　**生体膜の構造．** 脂質二分子膜にタンパク質がモザイク状に埋め込まれている．表面に多数出ているものは糖鎖である．

脂質というのは，広義には，水に溶けにくく低極性有機溶媒に溶けやすい天然の低分子化合物一般をさす用語である．生体膜を構成する代表的な脂質にはリン脂質などがある（2 章参照）．

生体膜を構成する脂質には多種類のものが知られている．生物の種類や，同じ生物でも細胞の種類によって構成する脂質は異なる．また，一つの細胞の細胞膜だけでも多種類の脂質の混合物からなっている．

脂 質 二 分 子 膜

脂質では親水性の頭が水の多い環境を向き，疎水性の尾が疎水性相互作用により，尾どうしで集まろうとする．リン脂質などは頭と 2 本の尾の大きさのバランスがちょうどよいので，密に詰まった平面状の二分子膜ができる．さらに，その端がつながってつくられた閉じた小球状の膜が生体膜である（4 章参照）．

たとえば，体温を一定に保てない変温動物では，環境の温度が変化すると，脂質の組成が変わって生体膜の流動性が調整される．

飽和脂肪酸は二分子膜中で密に詰まるために，結晶性の膜を形成しやすい．ところが，アルキル鎖中に二重結合（シス配置）があると，疎水性の尾が途中で折れ曲がって（図 2・12 参照），密に詰まりにくくなり，膜に流動性が出てくる．このように構造を保ちつつも流動性があることは，生きている細胞にとって大切なことである．

脂質二分子膜は，内部の疎水性のために，イオンなどの極性物質が通り抜けるのをよく防いでくれる．特定のイオンや分子を選択的に通すのは，膜に存在するタンパク質の役割である．このほかにも，さまざまな機能をもったタンパク質が生体膜に存在し，働いている．

生体膜表面の糖質

生体膜表面には，糖質が多く存在する．糖は脂質やタンパク質と結合した糖脂質，糖タンパク質として存在する．糖は種類も多く，また多糖類は枝分かれするため，その構造はきわめて多様である．細胞膜表面の糖は，外界との仲介役として，細胞の認識や結合部位として重要である．

一例をあげると，赤血球の細胞膜には，血液型 A，B，AB，O を決める糖脂質が存在する．アルキル鎖部分は二分子膜を構成し，糖の部分が細胞の表面に出ている．O 型は H 型糖脂質を，A 型は A 型糖脂質を，B 型は B 型糖脂質をもっており，AB 型は A 型糖脂質と B 型糖脂質の両方をもっ

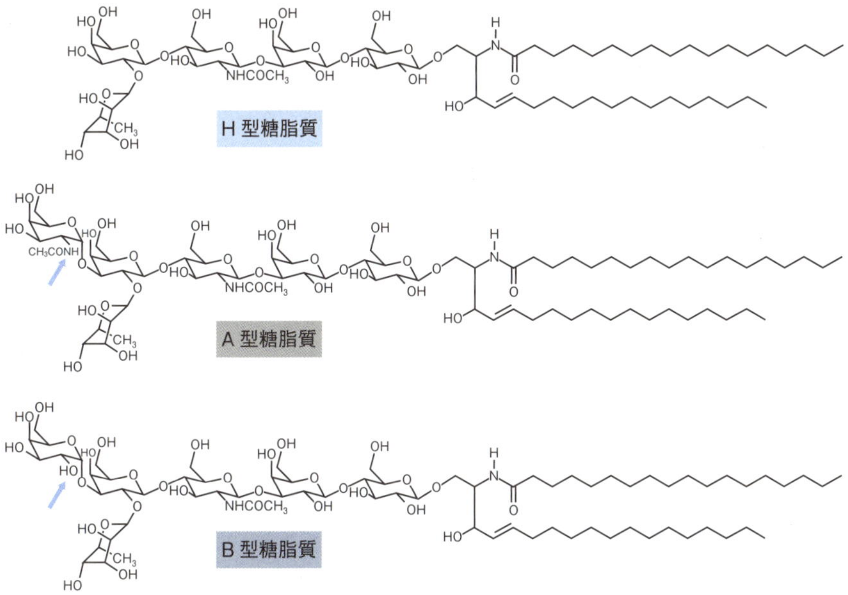

図 6・11　血液型を決める糖脂質． 矢印は A 型糖脂質と B 型糖脂質で唯一異なる部分を示す．

ている（図 6・11）．

これらの糖脂質は，H 型糖脂質部分はすべてに共通であり，A 型と B 型では糖がもう 1 個追加されている．そして A 型と B 型の違いは，たった一箇所がアセトアミド基－NHCOCH$_3$であるかヒドロキシ基－OH であるかの違いにすぎない．このような違いを生物は認識することができる．

4. エネルギー変換の機能

ポイント！

少し複雑ではあるが，分子システムとしての光合成を理解しよう．

生物は生きるために，エネルギーを蓄え，そして消費する．生物におけるすべてのエネルギー変換は分子システムで行われている．ここでは，すべての生物のエネルギーをまかなっている光合成の仕組みを見てみよう．

光 合 成

化学エネルギーとは，化合物の中の原子と原子の結合に基づくエネルギーである．

1 年間に地上と海上に降り注ぐ太陽エネルギーは 3×10^{24} J で，このうち，0.1 % の 3×10^{21} J が光合成によって地球上に固定化されていると見積もられている．また，人類の 1 年間の消費エネルギーは 5×10^{20} J なので，90 分間の太陽エネルギーで人類の 1 年間のエネルギーがまかなえることになる．

植物や藻類そして光合成細菌は，太陽の光エネルギーを化学エネルギーに変換して体に蓄える．この過程を**光合成**（photosynthesis）という．

光合成をする生物自身はもちろん光合成に依存して生きているが，光合成をしない動物も，草食動物は植物を食べ，肉食動物はその草食動物を食べるので，光合成によって蓄えられた化学エネルギーを生きるためのエネルギーとして利用していることになる．結局のところ，地球上のすべての生命を育んでいるのは太陽エネルギーであり，光合成は生命のエネルギー源をつくる重要なプロセスである．人類が利用している膨大なエネルギーをまかなう石油や石炭も昔の生物が変化したものであるので，これらは昔の太陽エネルギーを掘り出して利用していることになる．

光合成の方法には主に 2 通りある．一つは光合成細菌に見られる反応中心を一つもつタイプ，もう一つは藻類の一種のシアノバクテリアや植物に見られる反応中心を二つもつタイプである．

光合成細菌は光エネルギーをプロトン濃度勾配に変換する

光合成細菌の光合成の舞台は細胞膜とそこに存在するタンパク質で（図 6・12），主役はタンパク質に分子間相互作用によって保持されている色素や酸化還元活性分子である．

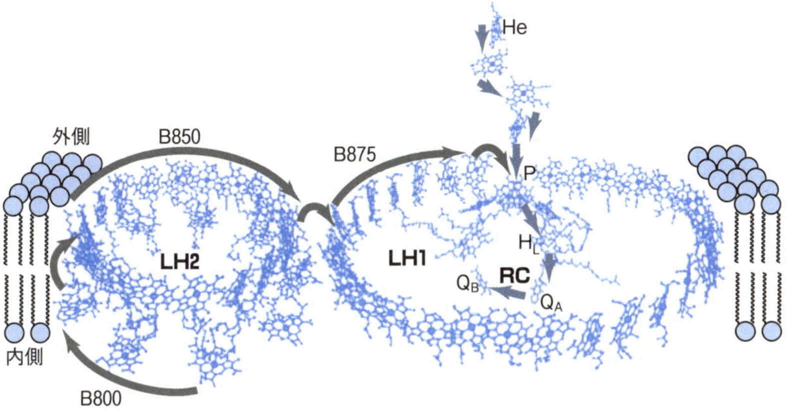

図6・12　**光合成細菌の光合成反応の舞台．**タンパク質に保持された色素や酸化還元活性分子だけ抜き出して示してある．➡はエネルギー移動を，➡は電子移動を表す．（PDB ID：1nkz；M. Z. Papiz, S. M. Prince, T. Howard, R. J. Cogdell, N. W. Isaacs, *J. Mol. Biol.*, **326**, 1523(2003)．PDB ID：1prc；J. Deisenhofer, O. Epp, I. Sinning, H. Michel, *J. Mol. Biol.*, **246**, 429(1995)．PDB ID：1pyh；A. W. Roszak, T. D. Howard, J. Southall, A. T. Gardiner, C. J. Law, N. W. Isaacs, R. J. Cogdell, *Science*, **302**, 1969(2003).）

2種類の大きさの異なるドーナツ型の**光捕集アンテナ**（light harvesting antenna）とよばれるリングがある．大きいほうをLH1，小さいほうをLH2という．リング状に並んでいるのはバクテリオクロロフィル*a*という色素分子で，多くの色素を用いることで，より多くの太陽光を吸収するようになっている．ここで，光合成細菌の光合成に登場する色素や酸化還元活性分子の構造を図6・13に示した．

光合成は，太陽からの光が，バクテリオクロロフィル*a*分子のどれかに吸収され，励起一重項状態が生成することから始まる．どの分子が吸収した場合にも，励起エネルギーはリング中をつぎつぎと移動する．LH2のバクテリオクロロフィル*a*が吸収した場合は，そのエネルギーはLH1に移動し，結局は，LH1リングの内側にある2分子がずれて向かい合うように重なった**スペシャルペア**(special pair)Pとよばれるバクテリオクロロフィル*a*（種によっては，バクテリオクロロフィル*b*）二量体にわたされる．

バクテリオクロロフィル*a*は分子の環境によって吸収極大波長が異なり，B800（吸収極大波長800 nm），B850，B875に分類される．

スペシャルペアの励起一重項が生成したところでエネルギー移動は終わり，ここからは電子移動が始まる．電子はスペシャルペアから，バクテリ

スペシャルペアからQ_Bまでの電子移動が起こる部分を**反応中心**(reaction center，図6・12のRC)という．

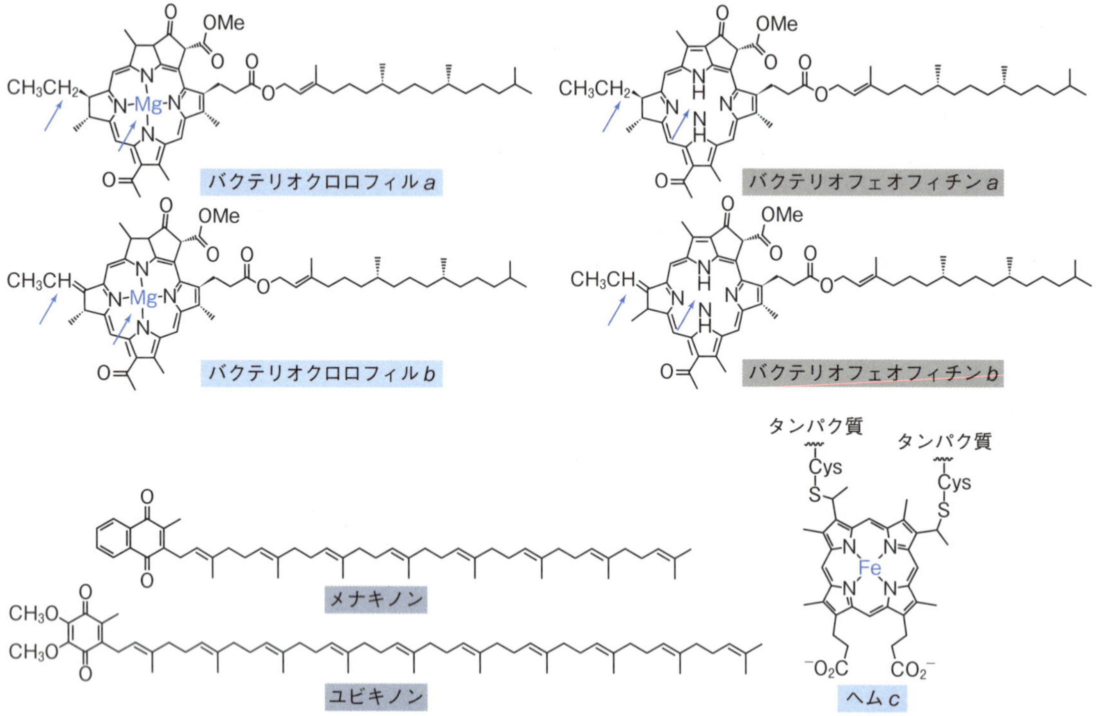

図 6・13　細菌の光合成にかかわる光，酸化還元活性分子． →はバクテリオクロロフィル *a/b* とバクテリオフェオフィチン *a/b* の構造の違うところ．

オフェオフィチン *a*（種によっては，バクテリオフェオフィチン *b*）（図 6・12 中の H_L）へ 3 ps（ps はピコ秒で，10^{-12}秒）で移動し，それから 200 ps で第一のキノン（図 6・12 中の Q_A，メナキノンまたはユビキノン）へ移動し，そしてゆっくりと（とはいえ 1 万分の 1 秒）100 μs で，もう一つのキノン（図 6・12 中の Q_B，ユビキノン）にわたる．

ここまでの反応がもう 1 回繰返され，Q_Bは 2 電子還元される．還元された Q_Bは，細胞内からプロトンを二つ取込む．

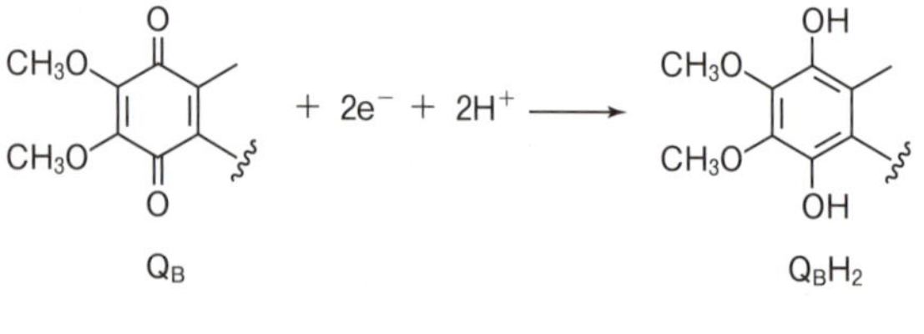

ここで，生成したQ_BH_2は膜の中を移動し，自分がもっている$2e^-$と$2H^+$を膜外に運ぶ．加えて，シトクロム bc_1というタンパク質の働きもあって，さらに膜内から追加の$2H^+$が膜外に運ばれる．膜外に運び出された電子は，シトクロム c というタンパク質を経て，ヘム c にわたされ（図6・12中のHe），スペシャルペアに戻る．

ヘム c のような鉄錯体を含むタンパク質を一般にシトクロムといい，酸化還元（電子の授受）を行う．シトクロム bc_1は生体膜を貫通するタンパク質であり，シトクロム c は生体膜の表面に存在するタンパク質である．

つまり，結局のところ光子二つを使って，四つのプロトンを膜内から膜外に輸送するというのが光合成細菌の光反応である．つまり，光エネルギーで，膜を隔てたプロトン濃度勾配がつくられる．濃度勾配が存在する状態はエネルギーが蓄えられている状態である．水が高いところから低いところに流れるとき，水車を回してエネルギーを取出すことができるように，H^+の濃度が高いほうから低いほうへ流れるとき，適当なメカニズムさえあれば蓄えられたエネルギーを取出すことができる．

H^+濃度勾配のエネルギーを使ってATPを合成する

光合成細菌は **F_1F_0–ATP アーゼ**（F_1F_0–ATPase）というタンパク質でできた驚くべきデバイスを使って，このプロトン濃度差のエネルギーを化学エネルギーに変換する（図6・14）．

このタンパク質は，プロトンの濃度が高い側から低い側へ流れると回転を始め，その回転によって，ADPとリン酸P_iから**ATP**(adenosine triphosphate，アデノシン三リン酸）という分子を合成し，化学エネルギーとして蓄える（図6·15）．したがって，F_1F_0–ATP アーゼは，濃度差のエネルギー → 回転運動 → 化学結合エネルギーという一連のエネルギー変換を行う分子モーターである．ちょうど水車が水の流れを回転運動エネルギーに変換し，それを動力として製品の生産が行われるようなものである．

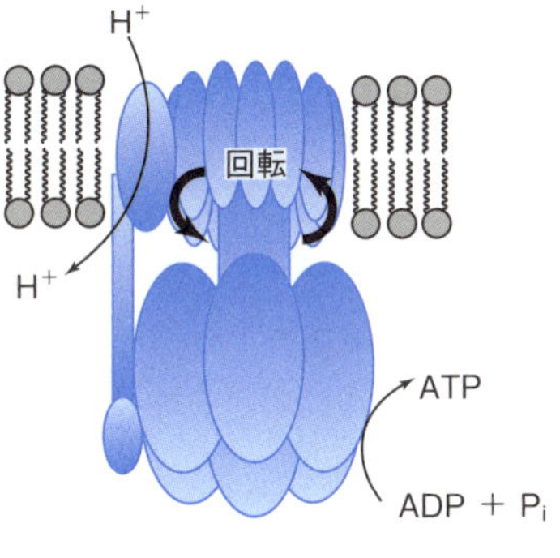

図6・14　F_1F_0–ATP アーゼ

この反応で，pH 7であると，30 kJ mol^{-1}蓄えられたことになる．ATPは，生物中のあらゆる場面で，逆反応 ATP → ADP ＋ P_iを起こして蓄えた30 kJ mol^{-1}のエネルギーを使うことによって，生命を支えている．

実は，呼吸で獲得したエネルギーからのATP合成反応も同じ仕組みによって行われる．ATP アーゼによるプロトン濃度勾配 →ATP のエネルギー変換は，細菌，動植物を通して，生物がエネルギーを利用するための重要なプロセスなのである．

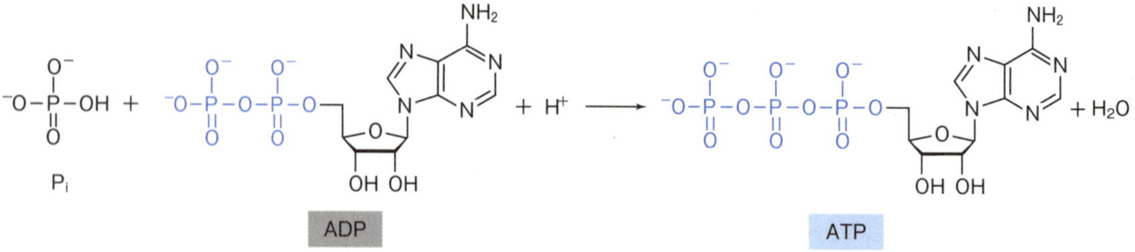

図 6・15　ATP の合成

光合成細菌の光合成：光吸収から ATP 合成まで

ここで，太陽光を受取ってから ATP 合成までの，光合成細菌の光合成の全体像をまとめておこう（図 6・16）．太陽光による励起エネルギーを光捕集アンテナから受取ったスペシャルペア P から，H_L，Q_Aを経て Q_Bに電子が移動する．還元された Q_Bは細胞内からプロトンを取込み，シトクロム *bc*₁とともに，膜の外側に電子とプロトンを運ぶ．電子は細胞外側のシトクロム *c* とヘム He を経て，電子が抜けていた P へ戻る．細胞内側のプロトン濃度が低くなったので，プロトンは F_1F_0–ATP アーゼを通って，外から内に向かって流れるが，このとき，F_1と F_0は互いに回転し，ADP と P_iから ATP が合成される．

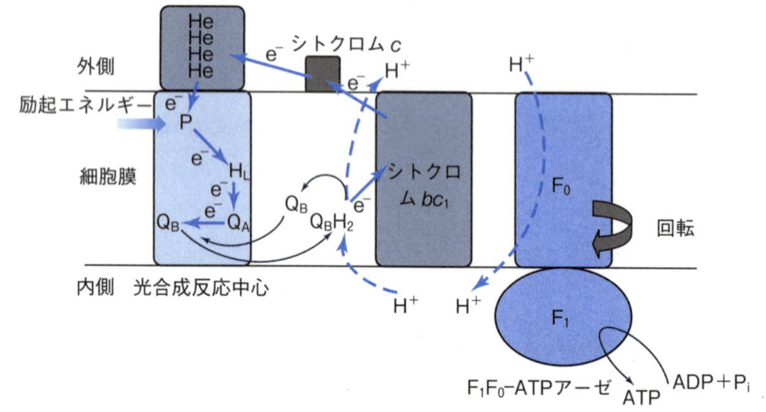

図 6・16　光合成細菌の光合成における電子とプロトンの流れ． 太線の矢印は電子のサイクル．破線の矢印はプロトンのサイクル．

シアノバクテリアと植物の光合成：Ｚスキーム

今度は，シアノバクテリアと植物の光合成を見てみよう．これらの光合成反応の全体は，

$$6CO_2 + 6H_2O \longrightarrow C_6H_{12}O_6 + 6O_2$$

で示される．この反応によって，2872 kJ mol^{-1}が蓄えられる．

光合成反応の初期段階には，光によって駆動される明反応とよばれる図6・17に示した反応が起こる．この反応は酸化還元反応であり，水は酸化されてO_2が発生し，$NADP^+$は還元されてNADPHが生成する．同時に，プロトンも膜を隔てて輸送され，生じたプロトン濃度勾配を利用しATPアーゼによってATPが合成される．

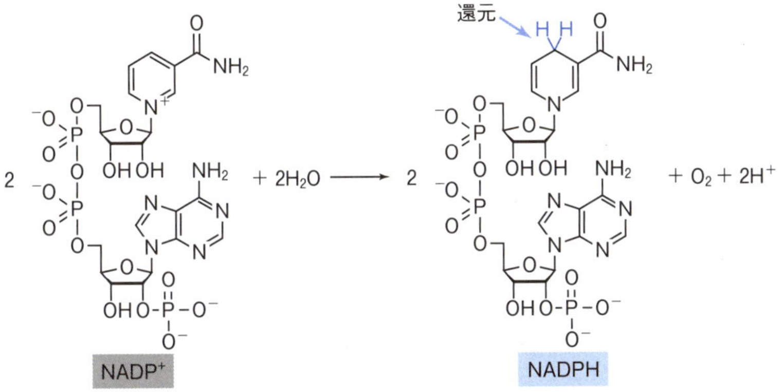

図6・17　**植物やシアノバクテリアの光合成明反応によるNADPHの生成**

これらの反応に十分なエネルギーを獲得するために，植物やシアノバクテリアは，反応中心を直列に二つつなぐという戦略をとった．図6・18に示すように，反応中心を二つ使い，それぞれで光励起を起こし，系IIで強い酸化力が必要な水の酸化による酸素発生を行い，系Iで$NADP^+$の還元によるNADPHの生成反応を行うというふうに役割を分担してエネルギー変換が行われている．図6·18に示した2段階励起による電子移動は，その図の形から**Ｚスキーム**（Z scheme）とよばれる．

これらの反応も生体膜上に存在するタンパク質と色素複合体で進行する．この複合体は図6・12に示した光合成細菌のものと共通する部分もあ

植物の光合成反応は，**葉緑体**（chloroplast）という細胞小器官の生体膜上にある．

るがさらに大きく複雑である．

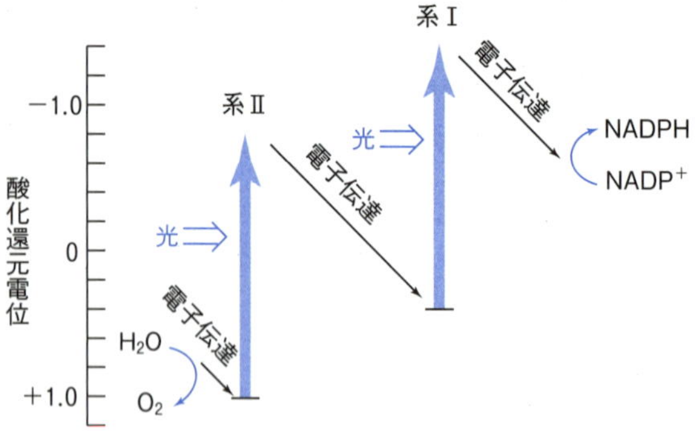

図6・18　植物とシアノバクテリアの光合成明反応を表すZスキーム

III

新しい有機機能化学

7 先端有機機能材料

有機材料のなかでも特徴的な性質や機能をもつ材料のことを**有機機能材料**（organic functional materials）という．有機材料は天然のものを含めて有機高分子を中心として，私たちの生活には不可欠なものとなっている．特に先端的な分野においては，新しい機能をもつ有機材料の開発が重要である．

ここでは，有機低分子を用いた有機機能材料を中心に見てみよう．

1. 有機伝導体

一般に金属は電気の良導体であり，有機物質は絶縁体である．しかし，現在では有機分子による良導体はもちろん，超伝導体まで開発されている．

電気伝導率と温度

電気をよく通す良導体の典型は金属である．金属では，金属イオンの間を自由電子（最外殻電子）が移動することで電気が流れる．ここで，自由電子の移動に障害が少なければ電気伝導率（電気伝導度）は大きく，つまり電気抵抗率は小さくなる．反対に，自由電子の移動に障害が多ければ電気伝導率は小さく，つまり電気抵抗率は大きくなる．

電気伝導率は電気の流れやすさを，電気抵抗率は電気の流れにくさを示す値である．電気伝導率の逆数が電気抵抗率である．

金属において自由電子の移動の障害になるのは，金属イオンの熱振動である．熱振動は温度が上がると激しくなるので電気抵抗は大きくなり（図7・1a），温度が下がると抑制されるので電気抵抗は小さくなる（図7・1b）．

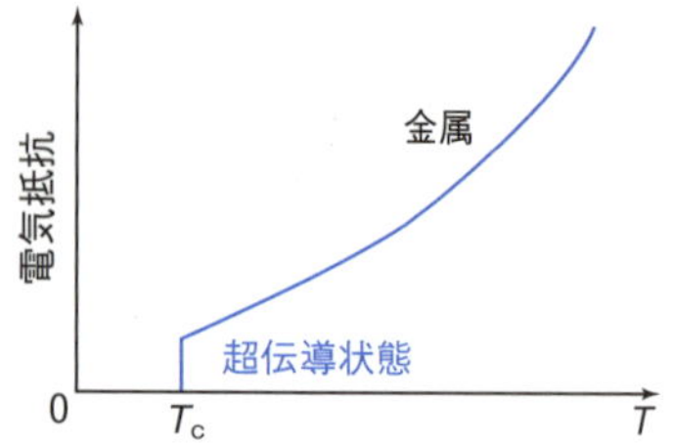

図７・２　**電気抵抗と温度の関係**

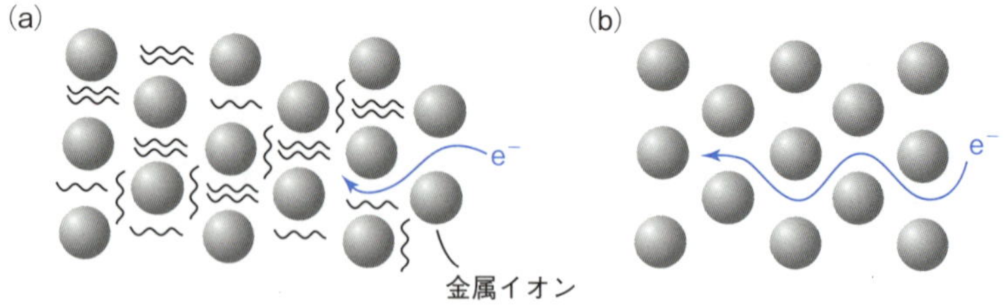

図７・１　**熱振動と電気抵抗．**(a) 高温になると熱振動が激しくなるので電気抵抗は大きくなり，(b) 低温になると熱振動が抑えられるので電気抵抗は小さくなる．

最初に超伝導が発見されたのは水銀であり，T_cは 4.2 K であった．実用的には臨界温度を上げる必要があり，現在，金属酸化物などで T_cが 150 K に達するものが開発されている．
有機超伝導体については，次節で述べる．

ある種の金属では，ある温度以下で電気抵抗がゼロとなる（図７･2）．この温度を**臨界温度**（critical temperature）T_cといい，この状態を**超伝導**（superconductivity）という．

電気伝導の仕組み

奇数個の場合には非結合性軌道ができる．

金属結晶において原子が 1 mol 存在すれば，エネルギー準位はアボガドロ数（6×10^{23}）個存在する．

１章で，原子どうしが相互作用して分子ができるとき，結合性と反結合性のエネルギー準位に分かれることを見た．ここで，n 個の原子が相互作用すれば，結合性と反結合性のエネルギー準位が合わせて n 個生じるようになる．このため，無数の原子からなる金属結晶では無数のエネルギー準位が存在し，それらの間隔は小さくなって，最終的には無数のエネルギー準位が集まったエネルギー帯（バンド）を形成する．ここで，結合性軌道のバンドを**価電子帯**（valence band）といい，反結合性軌道のバンドを**伝導帯**（conduction band）という．価電子帯は電子で一杯になっているが，伝導帯は空になっている．このとき，電子の入っている最高のエネルギー準位を**フェルミ準位**（Fermi level）という．

図７･3 (a) に示したように，金属では価電子帯と伝導帯のエネルギー差がゼロ（$\Delta E=0$）になっており，電場をかけるとフェルミ準位近傍の電子は価電子帯から伝導帯に移動することができるために，電気が流れる．ここで，両者の境界を**フェルミ面**（Fermi surface）といい，フェルミ面が存在すれば，その物質は電気伝導性を示すことになる．

一方，図７･3 (b) に示すように，絶縁体や半導体では価電子帯と伝導帯の間にエネルギー差 ΔE があり，電子は移動できない．このエネルギー差を**バンドギャップ**（band gap）という．半導体ではバンドギャップはあま

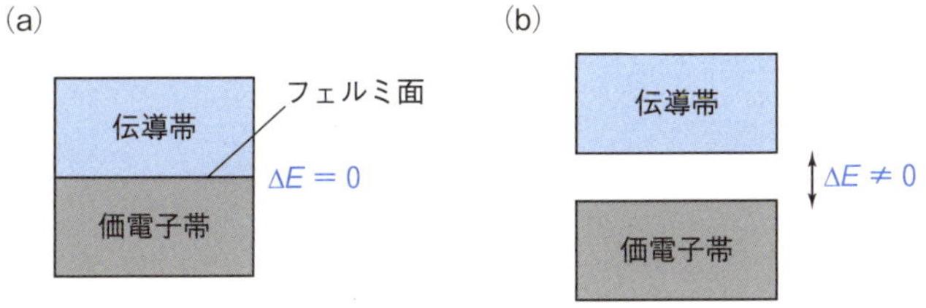

図 7・3　**バンド構造.** (a) 金属, (b) 絶縁体および半導体 (ただし ΔE の値は絶縁体 > 半導体)

り大きくないので, それに相当するエネルギーを与えれば, 電子が価電子帯から伝導帯へ移動し, 電気は流れる. しかし, 絶縁体ではバンドギャップが大きすぎるので, 電気は流れない.

バンドの形成は, 1 章で見たように非局在化した π 電子をもつ共役系についても同様のことがいえる. ここでは, 二重結合の数が増えるにつれてエネルギー準位の数が増え, 結合性軌道 (HOMO) と反結合性軌道 (LUMO) が接近して, それぞれバンドを形成することになる (図 7・4).

半導体の電気伝導が温度を上げると大きくなるのは, このためである.

電気伝導の仕組みを理解するには, バンド構造が重要となる.

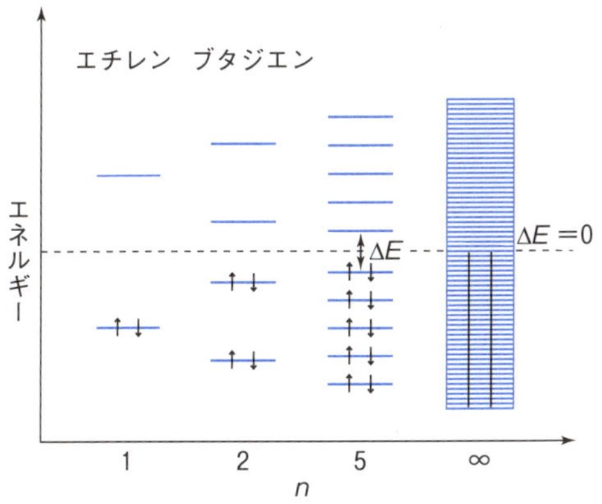

図 7・4　**ポリエン -(CH=CH)_n- の π 電子エネルギー準位**

電荷移動錯体

有機分子の結晶では電子は一つの分子中に閉じ込められているため, 電子が自由に動き回れず, 一般に電気を流すことはできない. そこで, 有機分子の結晶に電気伝導性をもたせるための方法の一つに, 電荷移動錯体の設計がある.

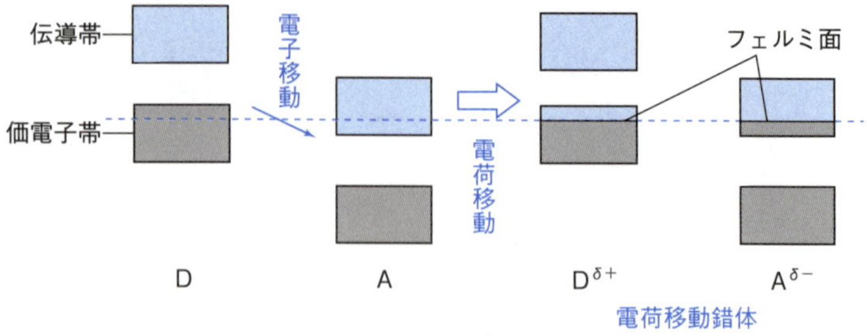

図7・5　**電荷移動錯体における電気伝導性の原理**

その原理は図7・5に示したとおりである．電子供与体Dから電子受容体Aへ電子の移動を行うと，Dの価電子帯の一部が空になり，Aの伝導帯の一部が電子で満たされ，フェルミ面が発生し，電流が流れるというものである．この結果生じた$D^{\delta+}$と$A^{\delta-}$のペアを**電荷移動錯体**（charge-transfer complex）という．

電子供与体

電子供与体には芳香族の安定性を利用する．ヘプタフルバレン**1**は一つの環内に7個のπ電子をもつので，芳香族ではない．しかし，各環が1個ずつ電子を放出して**2**となれば，6個ずつのπ電子をもつ芳香族となる（図7・6a）．すなわち，**1**は電子供与体の性質をもっている．

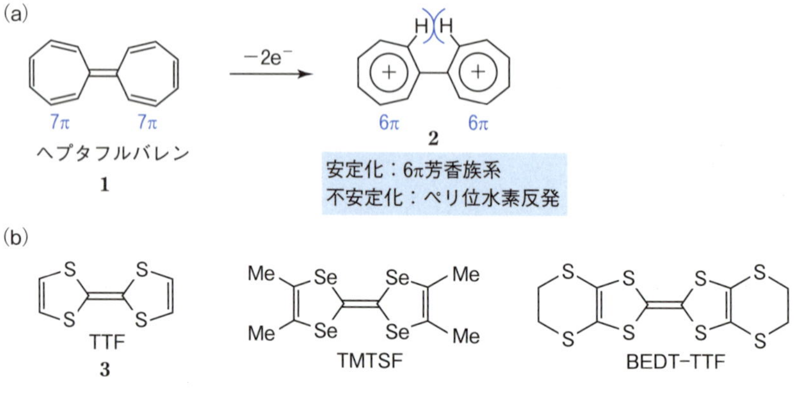

図7・6　**π電子供与体**

しかし，電子を放出した**2**が共役系として安定化するためには，二つの環が同一平面上に存在することが必要であるが，水素原子の立体反発によって困難である．この問題を解決するためには，二重結合の2π電子をヘテロ原子の非共有電子対で置き換えてやればよい．このような発想から生まれたのが，テトラチアフルバレン（TTF）**3**である．図7･6（b）には，電荷移動錯体の代表的な電子供与体を示した．

電子受容体

電子受容体としては，電子求引基をもった分子を設計する．このような例として，ニトリル基を4個もったテトラシアノキノジメタン（TCNQ）**1**があげられる．図7･7には，電荷移動錯体の代表的な電子受容体を示した．

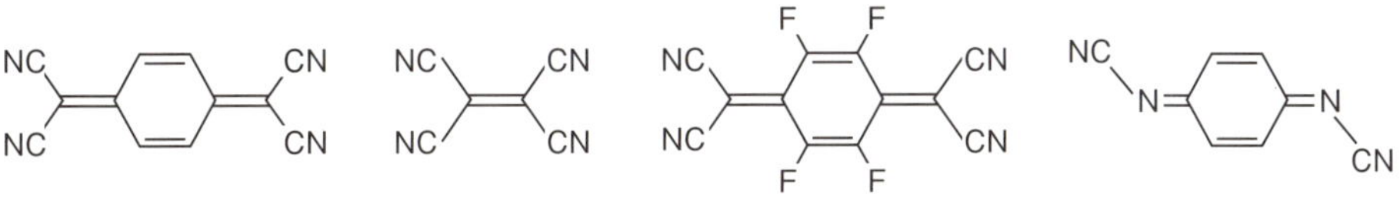

TCNQ **1**　TCNE　$TCNQF_4$　DCNQI

図7・7　π電子受容体

電荷移動錯体の結晶構造

電荷移動錯体では供与体と受容体によって結晶をつくっている（図7・8a）．この錯体は金属を含まない電気伝導性をもつ分子錯体の最初の例である．一般に供与体と受容体の重なり方には2種類ある．供与体と受容体が分かれて配列しているものを“分離積層型”といい，それに対して交互に積み重なっているものを“交互積層型”という（図7・8b）．

このうち，電気伝導性をもつのは分離積層型であり，電子の移動は供与体間および受容体間で分子面を貫くように，一方向に移動する．

電荷移動錯体では電子移動が可能な配列をした結晶構造を制御することは容易ではない．そのため，有機分子を利用した材料としては，以下にふれる導電性高分子が利用されている．

導電性高分子（conducting polymer）

同一の有機分子が無数につながってできたπ共役系の高分子も電気伝

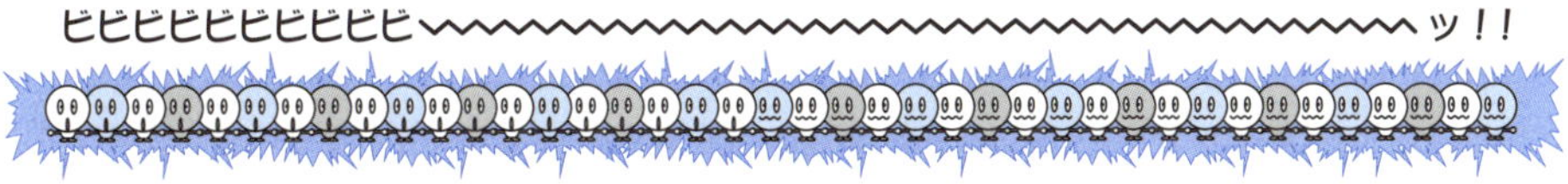

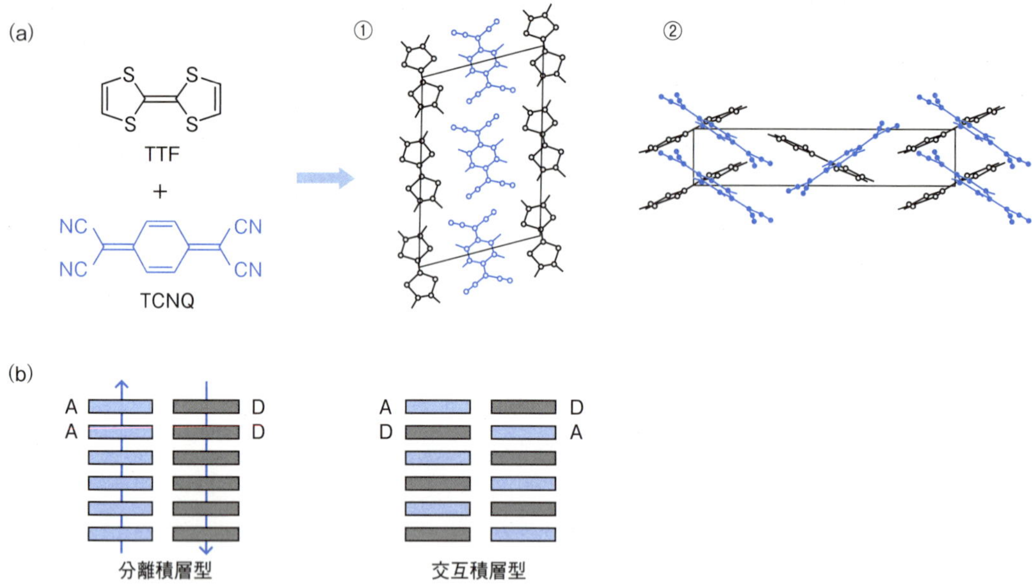

図 7・8　**電荷移動錯体.** (a) TTF–TCNQ 結晶. ① 上から, ② 横から見たもの, (b) 分子の積み重なり方

導性をもつことが期待できる.

このような高分子は先に示したように, 価電子帯と伝導帯にエネルギー差のないバンド構造を形成すると予想できる. しかし, これはベンゼンのように完全に共役した構造をもち, π 電子が分子全体に非局在化した場合のときに限る. 実際には, 図 7・9 (a) に示すように単結合と二重結合が交互に並んでいる構造のほうが安定なため, バンドギャップが生じる. たとえば, ポリアセチレンのバンドギャップは 0.5 eV であり (図 7・9b), この

このような構造を結合交替という.

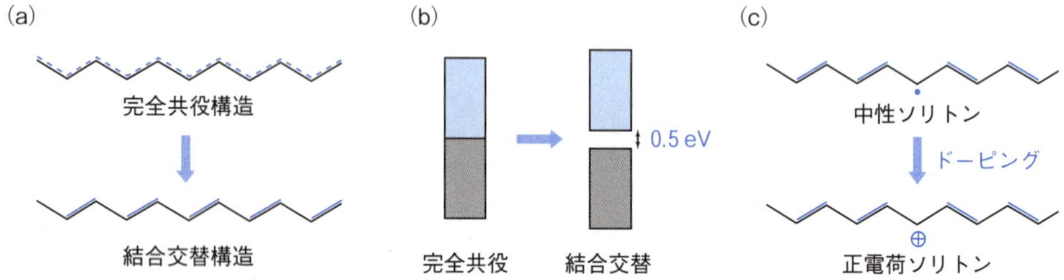

図 7・9　**導電性高分子.** (a) 結合交替構造, (b) バンドギャップエネルギー, (c) ソリトン

ため電気伝導性は低くなる.

そこで，高い電気伝導性をもたせるために，ドーピングを行う．ポリアセチレンの場合には，ヨウ素をドーピングすることで良導体となる．結合交替構造では単結合と二重結合の繰返しが不完全であり，図7・9(c) に示したように，その部分に炭素ラジカル（不対電子）が生じているが，この場合は電気伝導性をもたない．しかし，ここに微量のヨウ素をドーピングすると，ポリアセチレンからヨウ素に電子が移動して正電荷が生じ，これが電荷を運ぶキャリアとなるため，電気伝導性を示すことになる.

表7・1には代表的な導電性高分子の例を示した.

ドーピングについては，次節で詳しくふれる.

このような構造を“ソリトン”という.

導電性高分子の発見および開発研究により，2000年に白川英樹博士がノーベル化学賞を受賞した.

表7・1　導電性高分子

導電性高分子	構　造	ドーパント	電気伝導率 (S cm^{-1})
ポリアセチレン (PA)	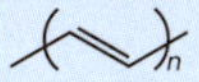	I_2	$1\sim4\times10^4$
ポリフェニレンビニレン (PPV)	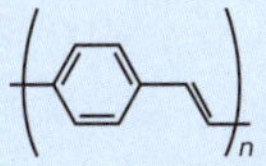	AsF_5	2800
ポリピロール (PPy)	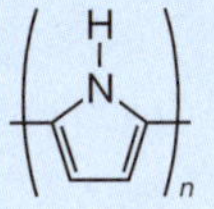	ClO_4^-	1000
ポリチオフェン (PT)	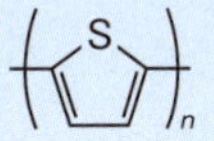	ClO_4^-	100

荒木孝二，明石 満，高原 淳，工藤一秋，「有機機能材料」，p. 77，東京化学同人(2006) より一部抜粋.

2. 有機超伝導体

有機分子を用いた超伝導体の歴史は比較的浅いが，電荷移動錯体などで超伝導を示すものが見つかっている．現在，有機超伝導体の研究開発が進んでいるが，実用化までにはまだ時間がかかりそうである.

有機分子では，1980年に0.9 Kの臨界温度をもつ (TMTSF)$_2$PF$_6$が発見された.

パイエルス転移

前節で見たTTF–TCNQ錯体は超伝導体として期待された．しかしながら，図7・10に示すように電気伝導率を測定すると58 K付近において，急激に減少し，ついには絶縁体となってしまった．このような伝導体から絶縁体への変化を**パイエルス転移**（Peierls transition）という．

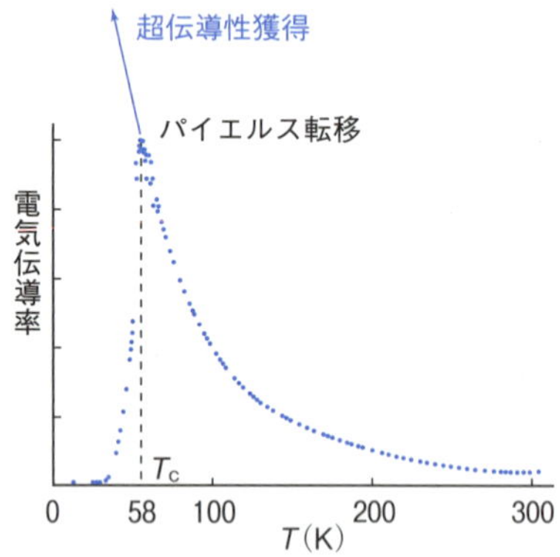

図7・10　**TTF–TCNQ錯体の電気伝導率の変化**

有機超伝導体の開発

パイエルス転移は結晶中の分子の並び方に変化が起こって生じるものであり，一次元の伝導体では避けて通れない現象である．これを解決するには，電子移動が一方向（一次元）に起こるのではなく，多方向（多次元）に起こるようにすることが重要となる．その方法の一つとして，錯体分子にヘテロ原子の置換基を付けて，ヘテロ原子どうしを接触（ヘテロ原子コンタクト）させることが有効である（図7・11a）．図に示すように，ヘテロ

ヘテロ原子コンタクトにより電子供与体どうしの相互作用が増加し，パイエルス転移による分子の並び方の変化を抑えることができる．

(a)

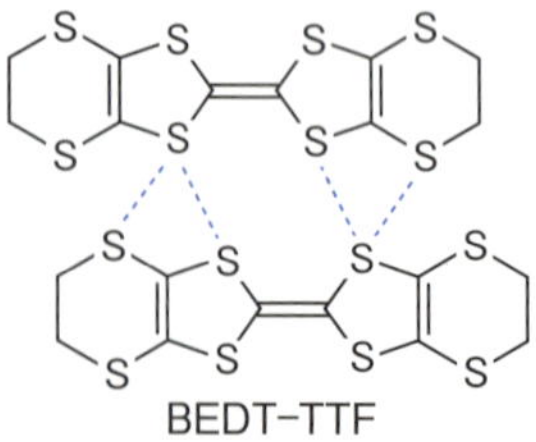

(b)

		組成比	臨界温度
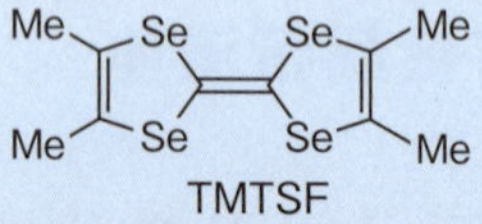 TMTSF	・FSO_2	2：1	T_c=3 K
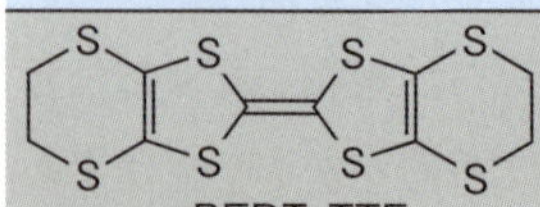 BEDT-TTF	・$Cu(NCS)_2$	2：1	T_c=10.4 K

図7・11　**有機超伝導体．**（a）ヘテロ原子コンタクト，（b）代表的な例

原子コンタクトによって，二次元の伝導性を獲得することができる．

その結果，多くの有機超伝導体が作製されるようになった．その代表的なものを図7・11(b) に示した．

さらに次元性を高めるためには，三次元にわたって p 軌道を配置しているフラーレンの応用が有効である．図 7・12 に示した C_{60}にカリウムをドープした K_3C_{60}は臨界温度が 18 K の超伝導体であり，$PbCs_2C_{60}$は 33 K という高い臨界温度を示す．

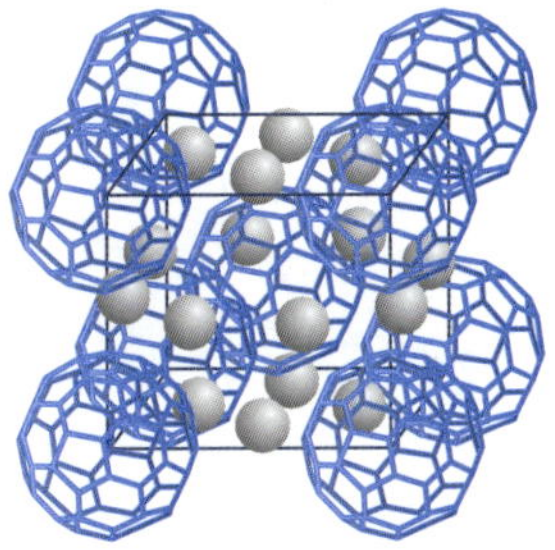

図 7・12　金属カリウムをドープした C_{60}超伝導体の構造． 伊与田正彦，横山泰，西長亨，「マテリアルサイエンス有機化学」，p. 121，東京化学同人（2007）より許可を得て転載．

3. 有機半導体

有機分子による半導体は軽く，柔軟性をもち，安価で，製造が容易なため，実用性も高く，トランジスターや太陽電池などに応用されている．

無機半導体の原理

まず，無機半導体を例にとって，半導体の原理を見てみよう．

半導体（semiconductor）とは伝導率が良導体（金属）と絶縁体の中間にあるものである（図 7・13）．半導体は金属と異なり，電流を運ぶ電子が自由電子ではなく，結合電子であるので，電子が移動するためにはエネルギーが必要である．そのため，半導体では高温になると伝導率が高くなる（図 7・14）．

半導体の種類は多いが，そのうち単独の元素で半導体の性質を示すものを**真性半導体**（intrinsic semiconductor）といい，シリコンやゲルマニウム

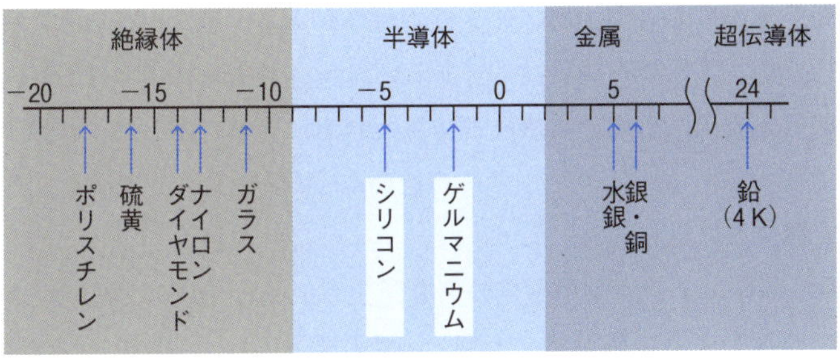

図 7・13　物質の電気伝導性． 数字は logσ．

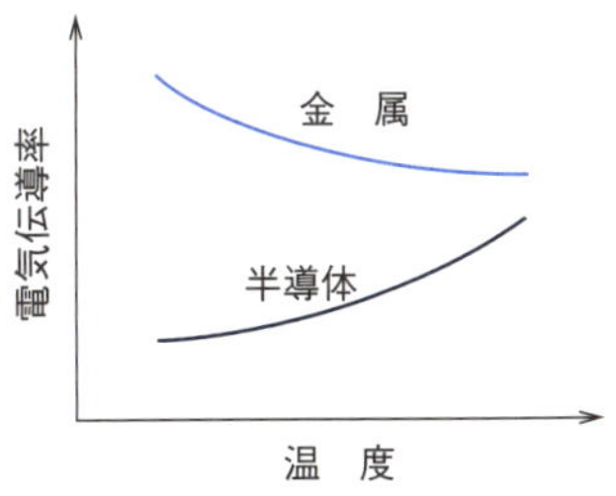

図 7・14　電気伝導率と温度の関係

ポイント!

ドーピングは物質に電気伝導性をもたせる方法として重要である.

がよく知られている.

しかし，真性半導体では伝導率が低すぎるので，真性半導体に少量の不純物（ドーパント）を混ぜて（これを**ドーピング**（doping）という）作製したものを**不純物半導体**（impurity semiconductor）という．ドーパントには 13 族元素と 15 族元素の 2 種類がある．これは真性半導体が 14 族で，最外殻電子が 4 個なので，最外殻電子が 3 個の 13 族，あるいは 5 個の 15 族を加えて，電流を運ぶキャリアを増やそうというものである．

図 7・15 に示したように，13 族のホウ素 B を加えた半導体と，15 族のリン P を加えた半導体では電子状態が異なり，前者では電子が不足し，後者では過剰となっている．電子不足の半導体を **p 型半導体**，電子過剰の半導体を **n 型半導体**という．p 型半導体では正孔 h^+ がキャリアとなって電流を運び，n 型半導体では電子 e^- がキャリアとなる．**正孔**（hole）は電子が抜けて正電荷をもつ状態のことをいう．

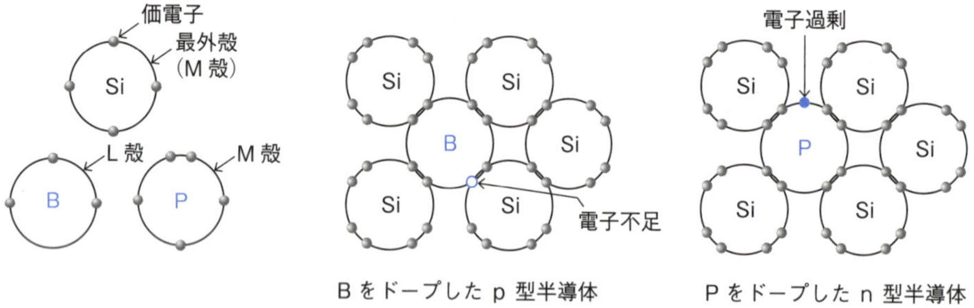

図 7・15　不純物半導体（p 型半導体 と n 型半導体）の電子構造

正孔は正（positive）の電荷をもつため，正孔がキャリアとなる半導体は p 型半導体とよばれる．一方，電子がキャリアとなる半導体は，その電荷が負（negative）であることから，n 型半導体とよばれる．

有機半導体

有機半導体にも p 型半導体と n 型半導体がある．図 7・16（a）に示すように，p 型半導体は非共有電子対あるいはエネルギーの高い HOMO をもち，電子を放出しやすい有機分子に見られる．それに対して，n 型半導体は電子求引基あるいはエネルギーの低い LUMO をもち，電子を受容しやすい有機分子に見られる．

p 型半導体および n 型半導体の例を図 7・16（b），（c）に示した．p 型半導体にはペンタセン誘導体などが，n 型半導体には C_{60} フラーレン誘導体などがすぐれた性能を示すことが知られている．また，p 型半導体には高

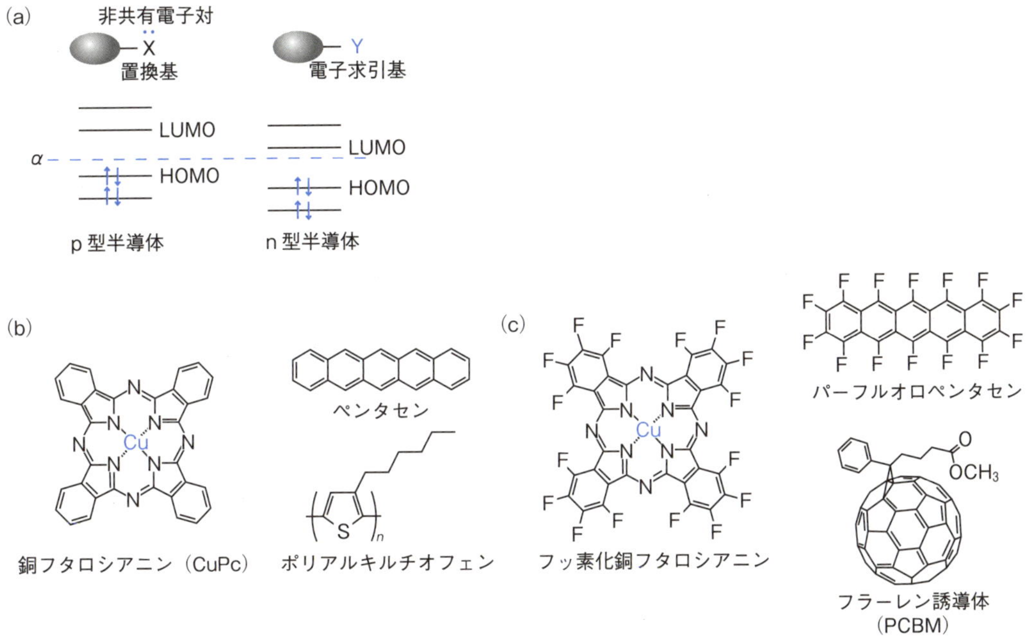

図 7・16　**有機半導体**．(a) 有機半導体に見られる特徴，(b) p 型半導体，(c) n 型半導体

分子系も開発されている．

電界効果トランジスター

有機半導体の応用例として開発研究が進められているのが**有機電界効果トランジスター**（organic field effect transistor，OFET）である．OFET は基板，絶縁体，有機半導体からなり，ドレイン電極，ゲート電極，ソース電極の三つの電極をもつ（図 7・17）．この半導体では，電流を流すためにはドレイン電極とソース電極の間が伝導性になる必要がある．

ゲート電極をオフにした状態では，ドレイン電極とソース電極の間の有機半導体は伝導率が低く，電流は流れない．しかし，ゲート電極をオンにすると，ドレイン電極とソース電極の間にキャリアが生じるために，電流が流れるのである．このように，ゲート電極のオン / オフで電流を制御できる．

OFET は後に見る有機 EL などと組合わせて，有機分子の柔軟性を生かした折り曲げ可能なディスプレイなどへの応用が期待されている．

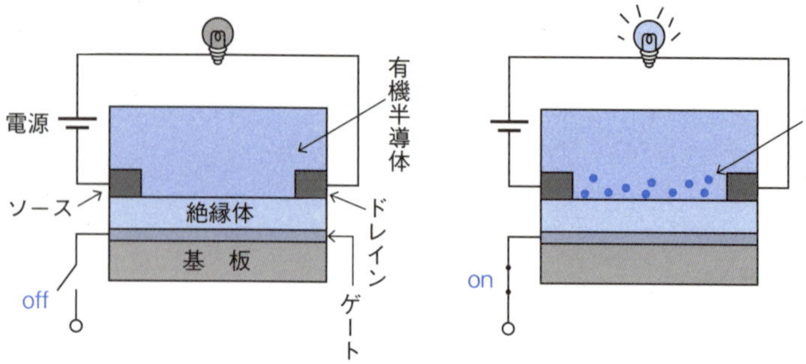

図7・17　有機電界効果トランジスターの構造

有機薄膜太陽電池（thin film organic photovolatic cell）

有機半導体の応用が期待されるもう一つの例が有機太陽電池である．有機太陽電池には発電の仕組みがまったく異なる2種類が存在する．一つは有機色素増感太陽電池であり，もう一つは有機薄膜太陽電池である．まず，ここでは有機薄膜太陽電池について見てみよう．

有機色素増感太陽電池については次節でふれる．

この太陽電池の発電原理はシリコン太陽電池と同じく，pn接合に基づくものである（図7・18）．すなわち，p型半導体とn型半導体を接合した薄膜をつくり，それを金属電極とITO透明電極でサンドイッチする．薄膜の厚さは数nmであり，無機半導体では真空蒸着法という特別な方法を用いるが，有機分子の場合には塗布することで容易に作製できる．

ITO（indium tin oxide）はスズと酸化インジウムの化合物であり，無色透明で伝導性をもつ．

このことが有機太陽電池に期待が集まる一つの理由になっている．

透明電極を通して太陽光がpn接合面に達すると，そのエネルギーで電

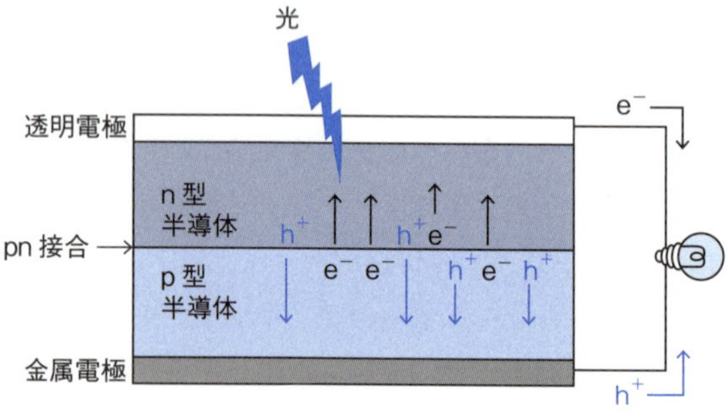

図7・18　有機薄膜太陽電池の原理

子と正孔のキャリアが生じる．電子はn型半導体の奥に移動して透明電極に達し，一方，正孔はp型半導体を通って金属電極に達する．この両キャリアが導線を通って電気機器に達して，これらが合わされば電気エネルギーが生じるというわけである．

有機太陽電池ではエネルギー変換効率が重要となる．現在，有機薄膜太陽電池では4%程度，次節で見る有機色素増感太陽電池では10%程度（理論的には30%以上）のものが報告されている．

4. 有機色素増感太陽電池

有機色素増感太陽電池の原理は少々込み入っている．ここで有機色素とは，色をもつ有機分子のことであり，染料や顔料として利用されている物質である．つぎに，増感は感度を高めることを意味する．すなわち，**有機色素増感太陽電池**（dye sensitized solar cell）は有機色素を用いて，他の物質の感度を高めて発電する装置のことである．

電池の構造

有機色素増感太陽電池の構造は図7・19に示したようなものである．2枚の電極，すなわち透明電極と金属電極の間に，酸化チタン TiO_2 の多孔体，有機色素，ヨウ素 I_2，それと電解液が封じ込められている．

この電池は，発明者であるスイスの科学者の名前からグレッツェルセルともよばれる．セルは電池の意味である．原型が発明されたのは1990年のことである．

この電解液という溶液を用いることが有機色素増感太陽電池の問題点の

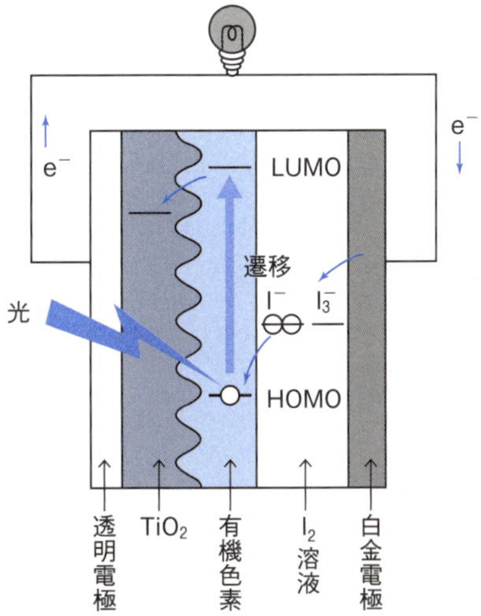

図7・19　有機色素増感太陽電池の構造

一つであるが，イオン伝導性をもった高分子膜などの固体電解質を用いるなどして克服されつつある．

発電の原理

発電は透明電極を通して太陽光が差し込むことから始まる．この光エネルギーを受取るのが，有機色素の HOMO の電子である(図 7･19)．HOMO の電子はこのエネルギーを用いてエネルギー的に高い軌道である LUMO に移動する．この時点で HOMO は 1 個の電子が足りなくなったことになる．

有機色素の LUMO に達した電子は，今度は酸化チタンの伝導帯に移動し，ここを経由して透明電極に流れ込む．さらに，この電子は導線を通って金属電極に到達する．金属電極は I_3^- と I^- を含む溶液と接しているため，I_3^- は電子を受取って I^- になる．一方，I^- は色素の HOMO に電子をわたす．このことによって，空になっていた HOMO に電子が戻ったことになり，電子は一巡する．つまり，電流を流したことになる．

$$I_3^- + 2e^- \rightleftarrows 3I^-$$

このような原理は込み入っているが，要するに，酸化チタンの価電子帯の電子が光エネルギーを受取って伝導帯へ遷移すれば，色素やヨウ素や電解質は不要となり，単純化することができる．しかし，酸化チタンの価電子帯–伝導帯間のエネルギー差は大きすぎて，効率的な光吸収を起こせないため，色素がお手伝い（増感）しているのである．

色素の構造

有機色素増感太陽電池に使われる色素はいろいろの種類がある．しかし，発電効率が良いのは貴金属やルテニウムを用いた錯体である（図 7・20)．貴金属を用いたのではコストがかかるし，原料の安定供給にも問題が残るので，純粋な有機分子の開発も行われている．

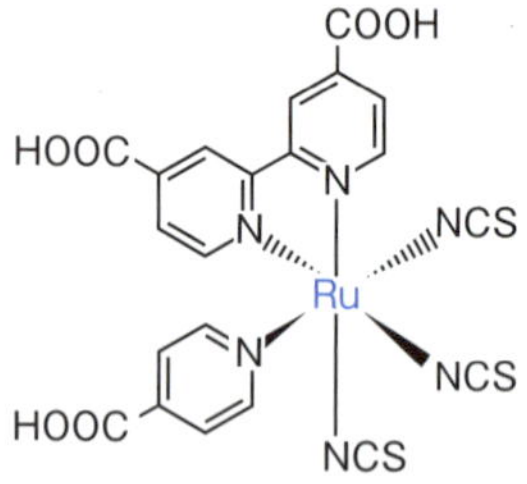

図 7・20　有機色素増感太陽電池に使われるルテニウム錯体

有機太陽電池の実用化には，シリコン太陽電池にせまるエネルギー変換効率が求められる．

5．有機 EL

エレクトロルミネセンス（electro luminescence）は電場により発光する現象のことをいい，EL と略されてよばれている．特に，有機色素による発光を利用したものが**有機 EL** であり，ディスプレイなどさまざまな面での応用が期待されている．

有機ELの構造

有機ELの基本的な構造は図7・21のようなものである．金属電極と透明電極の間に，正孔（ホール）輸送層，発光層，電子輸送層がはさまれた構造をもつ．ここでは，有機ELのなかで特に重要な発光層に利用される分子を図7・22に示した．分子の構造は多岐にわたるが，Alq_3のように金属を含む錯体もよく用いられている．また，色素全般の傾向として青色のものは共役が長く，赤色のものは共役が短くなっている．

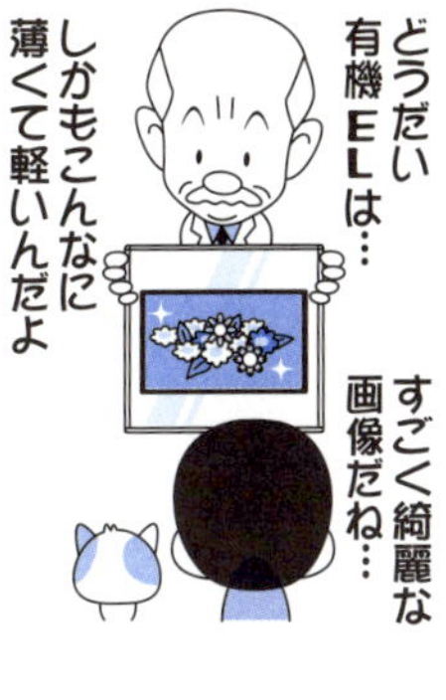

また，発光層分子は輸送層分子として用いられることもある．

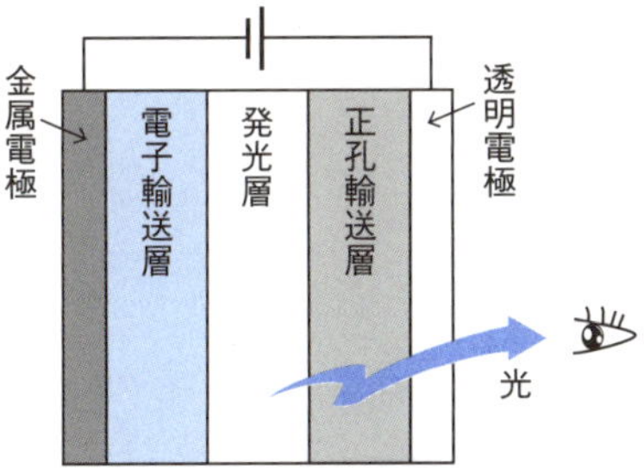

図7・21　有機ELの基本構造

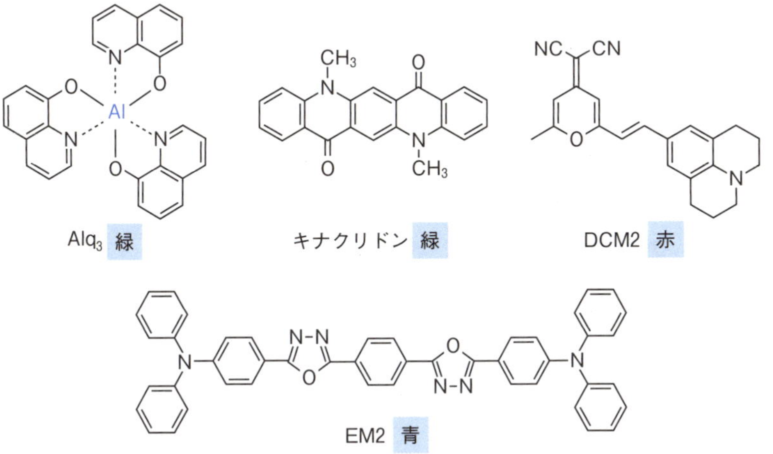

図7・22　有機EL発光層に用いられる分子

発光の原理

有機ELの発光の原理を図7・23に簡単に示す．陰極から注入された電子は電子輸送層分子のLUMOに入り，さらにエネルギーの少し低い発光層分子のLUMOに移動する．一方，陽極から注入された正孔は正孔輸送層分子のHOMOに入り，さらにエネルギーの少し高い発光層分子のHOMOに移動する．この発光層分子の状態は励起状態に相当するため，LUMOからHOMOへの電子の遷移が起こる．すなわち，発光層分子のHOMOにおいて電子と正孔が再結合し，電子が消滅する．このとき，HOMO–LUMO間のエネルギー差ΔEに相当する光を発光する．

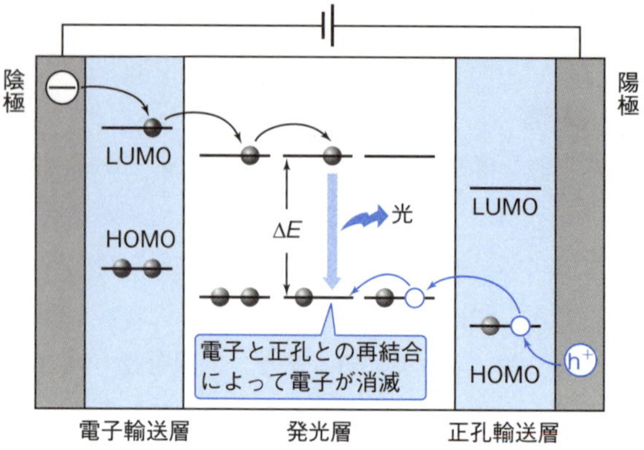

図7・23　有機ELの発光の原理

発光された光がどのような色になるかは，発光層分子のHOMO−LUMO間のエネルギー差ΔEの大きさに依存する．

有機ELの特徴

液晶ディスプレイでは背後からの光照射（バックライト）が常に必要になる．

有機ELの特徴は，① 有機分子が自ら発光する，② 光の色を制御できる，③ 必要なときにだけ発光させればよいなどの点にある．そのほか，パネルが1層だけでよいので薄型軽量，柔軟性，省エネルギーなどの利点をもつ．

6. 有機磁性体

有機磁性体も有機超伝導体と同様に，実用化への道のりは長い．

磁性の原因は物質中にN極とS極をもつ小さな磁石が多数存在するモデルを考えるとわかりやすい．この磁石を"磁気双極子"という．磁場が加わると磁気双極子に回転する力，つまり磁気モーメントが働き，このため，磁気双極子の向きが変化し，磁性となって現れる．

磁性体とは磁性をもつ物質のことをいう．**磁性**（magnetic property）とは簡単にいえば磁石に吸い付く力，あるいは磁石として他の磁性体を引き付ける力のことをさす．有機分子が磁性をもつことはかつては考えられなかったが，現在では有機磁性体の研究開発がかなり進んでいる．

磁性体

原子や分子には磁性をもつものがある．磁性の原因は**磁気モーメント**（magnetic moment）であり，磁性をもつ物質は磁気モーメントをもつ．

それでは磁気モーメントをもつ物質はすべて磁性をもつかといえば必ずしもそうではない.

図7・24は磁気モーメントの方向と磁性の関係を表している. 物質中の磁気モーメントの方向がそろえば, 強い磁性が現れる. これを**強磁性**(ferromagnetism) という. しかし, 磁気モーメントが反対向きに対をつくると相殺されて, 磁性は消滅する. これを**反強磁性**(antiferromagnetism) という. また, 磁気モーメントがばらばらな方向になっても, 磁性は消滅する. これを**常磁性** (paramagnetism)という. しかし, 常磁性体では磁場をかけると磁気モーメントの方向が磁場の方向にそろい, 磁性が現れる.

常磁性をもつ物質の代表として, 鉄や酸素分子などがある.

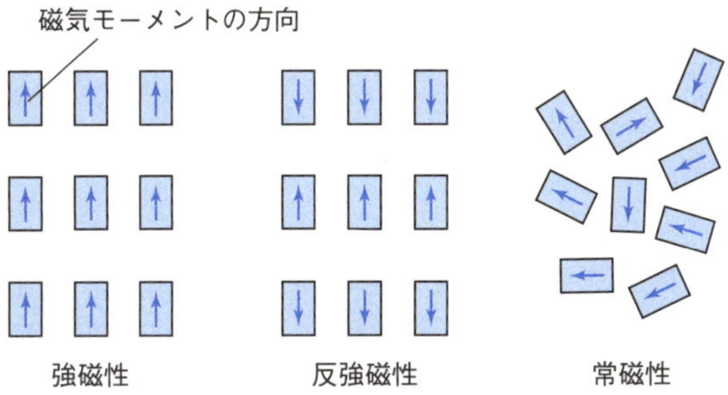

図7・24　磁気モーメントの方向と磁性

電子と磁性

磁気モーメントは電子の軌道運動と電子のスピン (自転) から生じる. したがって, 電子は物質に磁性をもたらす重要な要因となる. ここで, 磁気モーメントの方向は電子のスピンの方向に依存する. したがって, スピンの方向が反対な電子対では磁気モーメントは相殺されて消滅する (図7・25a).

軌道運動とは電子が原子核のまわりを円運動することである.

一般に共有結合からなる有機分子では, すべての電子が対をつくっているので磁性はもたない.

有機磁性体

しかし, 有機分子にも例外はあり, 不対電子をもてば磁性が生じる (図

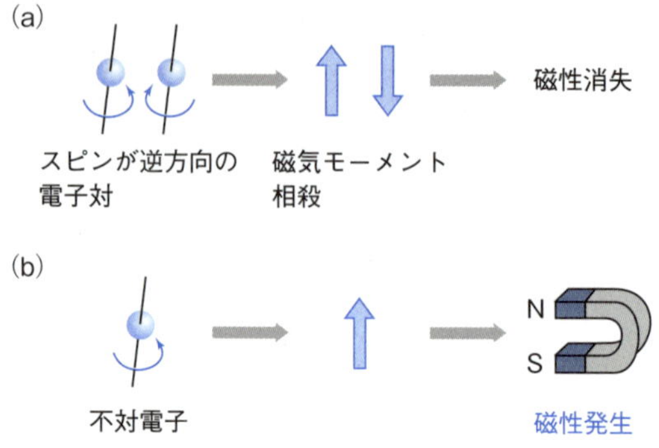

図7・25　**電子と磁性**

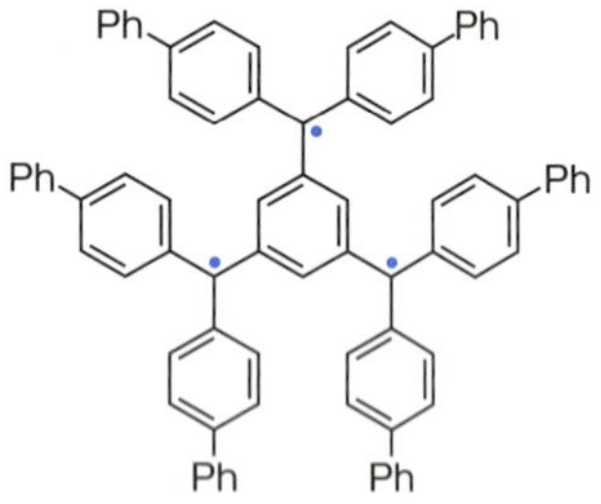

ポリラジカルの例

7・25b)．このようなものとして，ラジカルとカルベンがある（図7・26a)．**ラジカル**（radical）は不対電子を1個もつので，磁気モーメントをもち，磁性をもつ．ここで強力な磁性をもたせるためには，1分子内に多数のラジカル電子をもつ分子を設計すればよい．このような戦略でポリラジカルの研究が行われた．

ラジカルと同様に不対電子をもつものに**カルベン**（carbene）がある（図7・26b)．カルベンは2価の炭素であり，2個の不対電子をもつが，そのスピン方向の組合わせには二通りある．一つは1章で見た炭素の電子配置のC-1あるいはC-2として見たように，スピンを反対方向にして一重項カルベンとなるものである．この場合には，磁気モーメントは相殺されるので磁性は現れない．磁性が現れるのは，2個の電子がスピンの方向をそろえた三重項カルベンの場合である．

さらに強力な磁性を求めるならば，1分子中に多数の三重項カルベン炭

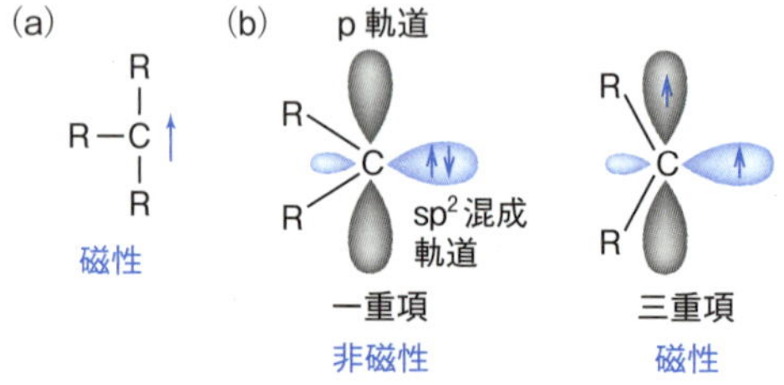

図7・26　**ラジカル(a)とカルベン(b)**

素をもつポリカルベンを設計すればよいことになる．

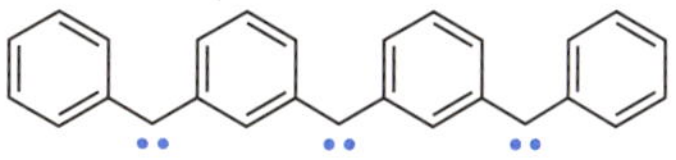

ポリカルベンの例

分子間相互作用

一般にラジカルやカルベンは不安定中間体と知られ，安定な物質として取出すことは困難である．しかし，適当に分子設計することで安定な物質とすることは可能である．図 7・27 の分子 **A** はそのような例の一つである．

A は単独の分子として見れば不対電子による磁気モーメントをもつので，磁性をもつと考えられる．しかし，結晶として分子が多数集まると分子間相互作用が働き，不対電子が結合性軌道に電子対をつくって入ってしまう（1 章参照）．この場合，共有結合のときと同じように磁気モーメントは相殺されて磁性は消滅する．

有機分子が磁性をもつには，① 分子内に複数の不対電子をもち，② スピン同士が同じ方向を向くことが必要である．

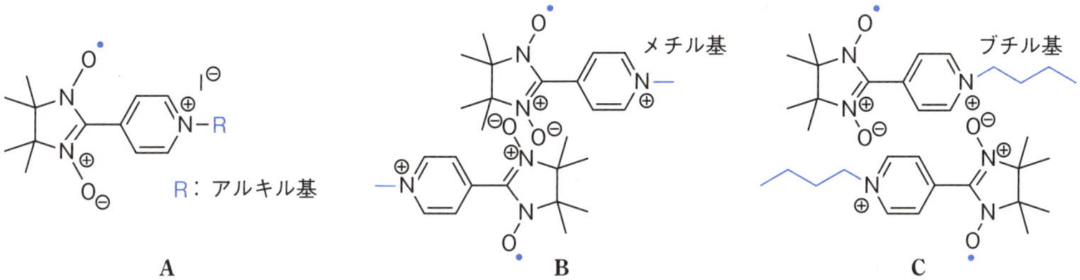

A　**B** 分子間相互作用あり　**C** 分子間相互作用なし

図 7・27　ラジカルと分子間相互作用

このような問題を解決するには，分子に適当な置換基を導入して分子間相互作用が起こらないようにすることが有効である．図 7・27 のメチル基を導入した分子 **B** では分子間相互作用が生じるが，ブチル基を導入した分子 **C** では分子間相互作用は消滅している．

7. ケミカルバイオロジー

化学をツールとして生命現象を解明する学問を**ケミカルバイオロジー**（chemical biology）という．化学のなかでも有機化学はその中心をなす分野であり，有機分子や生体分子を利用した技術の開発が進んでいる．ここでは，いくつかの例を紹介しよう．

メリフィールド合成 —— ポリペプチド合成

タンパク質はポリペプチドの一種であるが，人工的に合成した例はない．このため，望みのポリペプチドを簡単に効率よく合成する手法の開発は重要である．そのような手法の一つに**メリフィールド**（Merrifield）**合成**がある．

メリフィールド合成は高分子を利用してポリペプチドを合成するものである（図7・28）．ここではアミノ酸**1**に保護基L**2**を反応させて，保護基付きのアミノ酸**3**としておく必要がある．

保護基を官能基と反応させて，一時的に別の官能基に変換し，反応が終了したら，それを除去することで元の官能基に戻すことができる．

ここでは，塩素原子をもつフェニル基が結合した高分子**4**が反応の舞台となる．これに**3**を反応させると，アミノ酸のA部分が結合した高分子**5**になる．これにトリフルオロ酢酸を作用させて保護基をはずして**6**にす

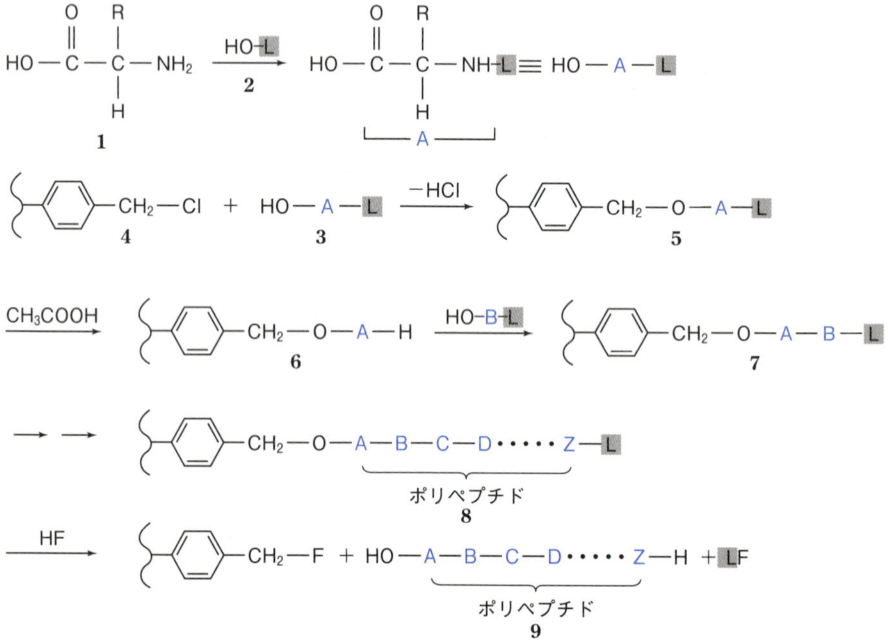

図7・28　メリフィールド合成

る．さらに，保護基付きのアミノ酸を作用させて **7** にする．

このような操作を連続すると，ポリペプチドの結合した高分子 **8** ができる．さらに，**8** にフッ化水素酸を作用させると，ポリペプチド **9** が得られる．

この方法は反応が不溶性の高分子上で行われるため，不純物を洗浄で簡単に除くことができるので，高純度のポリペプチドがワンポットで合成できる．インスリン（アミノ酸 51 個）は，この方法で初めて合成可能になった．

1 個の反応容器に，つぎつぎと異なった試薬を加えることによって進行する反応を“ワンポット反応”という．

人工ワクチン

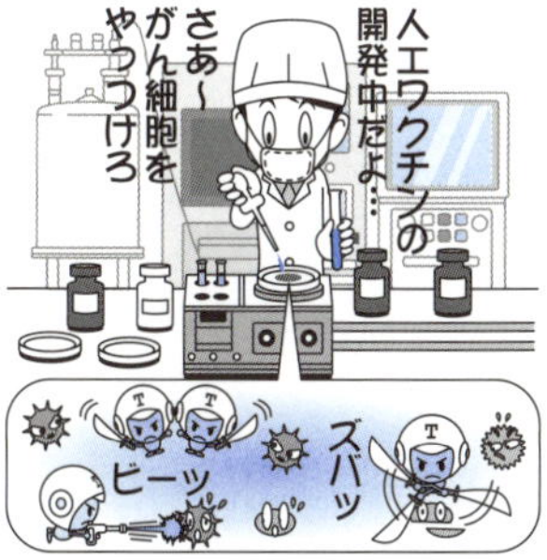

人工的に設計された二分子膜は細胞膜と類似しており，バイオや医療関係での応用が期待されている．そのような例の一つに**人工ワクチン**（artificial vaccine）がある．

細胞膜上には各種のタンパク質が存在し，生命活動に重要な働きをしている．しかし，これらのタンパク質は細胞膜に結合しているのではなく，はさみ込まれているだけである．したがって，細胞膜上を移動するだけでなく，細胞間も移動することができる．

図 7・29 のように，リポソームにタンパク質に親和性のある境界脂質を埋め込んだものをつくり，それをがん細胞と接触させると，がん細胞の膜タンパク質の一部はリポソームに移動する．このため，がん細胞の状態に変化が生じ，がん細胞は死滅に至る．このことは人工リポソームが抗がん剤として利用できることを意味している．

生体膜を構成する脂質のうち，膜タンパク質の周囲に存在し，他の脂質と異なった状態にあるものを境界脂質という．

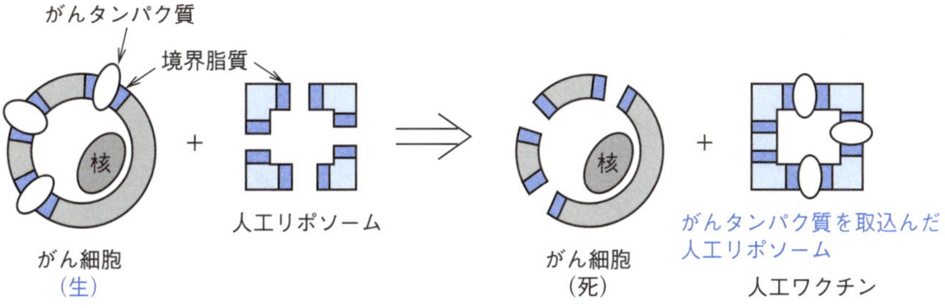

図 7・29　人工ワクチン

ワクチンとは病原菌の性格をもっているが毒性が弱く，増殖しない細胞のことをいう．これを接種すれば病原に対する免疫力を獲得することができる．

このような人工リポソームはがん細胞のタンパク質はもっているが毒性のないものである．したがって，これはがんに対するワクチンとして利用できる．実際に，抗がん作用のあることがわかっており，実用化が待たれるところである．

DNAの化学修飾

ここではがん細胞のDNAに化学修飾を行って，がん細胞の増殖を不可能にする方法を見てみよう．**化学修飾**（chemical modification）とは，DNAやタンパク質に化学試薬を作用させて，構造の一部を変化させることをいう．

6章で見たように，DNAは二重らせんを部分的に解きながら複製を行う．したがって，二重らせんが解けなくなったら複製は不可能になる．これは細胞分裂ができなくなることを意味し，がん細胞の増殖を阻止することになる．

DNAを構成する塩基の一つであるグアニンに塩化メチルを作用すると，窒素原子上にメチル化が起こる（図7・30）．したがって，塩化メチル

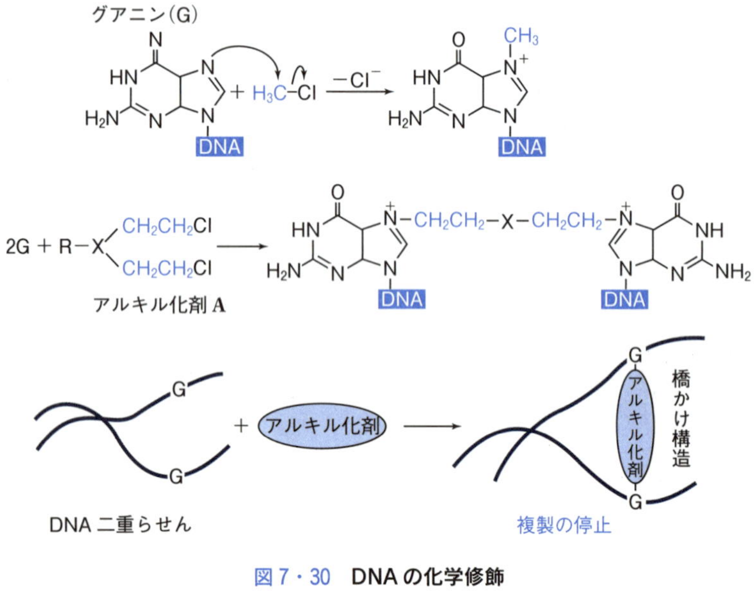

図7・30　DNAの化学修飾

単位を2個もった分子 **A** を DNA に作用させると，二重らせんを構成する2本の DNA 分子鎖のグアニン部分に橋架け構造ができる．この構造は，DNA の複製にかかわる DNA ポリメラーゼによっても分解することはできない．すなわち，DNA の複製はこの橋架け部分で停止する．分子 **A** はアルキル化剤とよばれ，各種のものが開発されている．

有機化学は生命現象を解明するための重要な道具であり，ケミカルバイオロジーを応用した技術が今後さらに進展するであろう．

8 未来の有機機能素子

この章では，直接の実用化をめざした研究ではなくて，分子の機能を最大限に引き出すことをめざした有機機能素子について見てみよう．現在進行中の研究成果であり，実用化される方向に向かうものもあれば，そうでないものもあるだろう．面白い機能をもった有機分子の例をアラカルト的に紹介するので，想像力をたくましくして，創造力を養ってもらいたい．

6章で見たように，生物は40億年の進化を経て，有機分子でできた壮大なシステムをつくり上げた．単細胞生物でさえ，そこに含まれている膨大な種類の有機分子がシステムとして，きわめて高度に機能している．生物の分子システムを見ると，人類はまだ有機分子の能力を十分に引き出せていないようにも思われる．

1. 分子エレクトロニクス

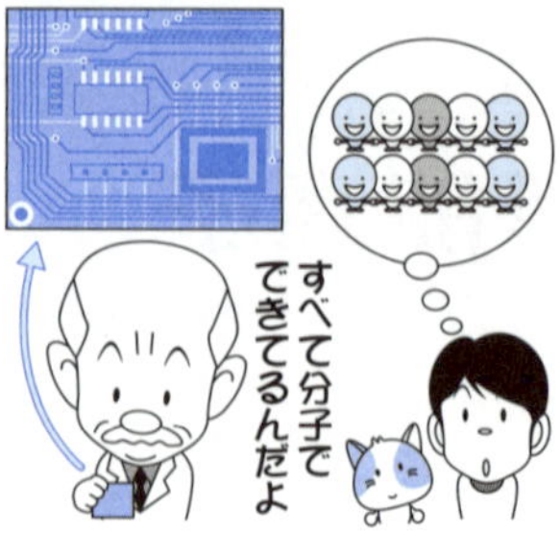

半導体の微細化が進み，素子の大きさが数 100 nm にまで小さくなってきた．これ以上の微細化は，原理的にも困難になることが予想されている．もし，分子を電子部品として使うことができたなら，一つの分子のサイズが 1 nm 程度であることを考えると，微細化が大きく進展することが期待される．**分子エレクトロニクス**（molecular electronics）が誕生したとしたら，従来の半導体に置き換わることはないとしても，新しい用途が生まれてくるに違いない．

分子の電気伝導率の測り方

分子をエレクトロニクスの部品として使うためには，まずは分子がどの程度電流を流すのか，つまり分子の電気伝導率あるいは電気抵抗はどの程度かということを知らなければならない．ここで分子の電気伝導率というのは，導電性高分子の薄膜のような分子の集団ではなくて，1 分子の端から端までの伝導率という意味である．

分子の伝導率の測り方にはいくつもの方法が考えだされているが，ここでは走査トンネル顕微鏡を使った測定法を一つだけ紹介しよう．

走査トンネル顕微鏡については 4 章のコラム参照.

測りたい分子構造の両端にメルカプト基 −SH をもった分子を用意する．その分子を金(Au)基板の上にばらまくと（試料溶液をたらして，溶媒を揮発させて乾かす），S−Au 結合ができ，金基板上に結合する（図 8・1a）.

走査トンネル顕微鏡の探針にも金線を使って，画像をとるのではなくて，一定のバイアス電圧の下で探針を基板に近づけて離すという動作を繰返す．

探針を十分基板に近づけると探針−分子間にも結合ができることがあって，その場合は探針を遠ざけるときにしばらく分子が基板と探針の両方に結合した状態になる（図 8・1b）．さらに，探針を遠ざけると分子がはずれる．このとき基板−探針間距離に対して電流値を記録すると，何もなければ指数関数的に減少するだけなのに，途中で電流値が減衰しない領域が現れる（図 8・1c）．このときの電流が分子を通った電流に相当する．

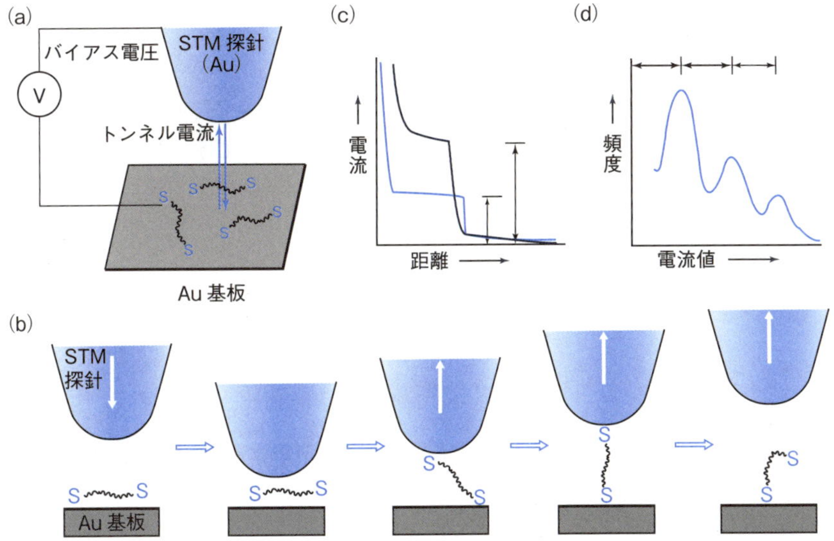

図 8・1　走査トンネル顕微鏡を用いた分子の電気伝導率測定

この測定を多数回行って，平らな部分の電流値を記録して分布図をつくると一定間隔ごとに頻度の多い電流値が現れる（図 8・1d）．ピークの現れる位置は，最も小さい電流値の整数倍のところである．整数倍のとびとびのピークが現れるということは，分子が探針に引っかかるときに 1 分子だけでなく 2 分子，3 分子同時に引っかかることがあるためであると考えられる．だから，ピークのうち最も小さい電流値が単一分子を通った電流であるとみなされる．バイアス電圧 V をこの電流値 I で割ると，オームの法則 $R=V/I$ から分子 1 本の抵抗 R が求められる．

抵抗の逆数が電気伝導率である．

分子ワイヤー

一般の合成高分子は，単量体から合成するときに一気に全部つないでしまうために，いろいろな長さの分子が混ざっている．それに対して，単一の分子としていまのところ最も長いものが，図 8・2 に示すポルフィリンでできた高分子である．これは，ポルフィリン単量体 → 二量体 → 四量体 →… というふうにつなぎながら合成された．ポルフィリンが 1024 個つながった分子まで報告されており，その長さは 0.85 μm にもなる．

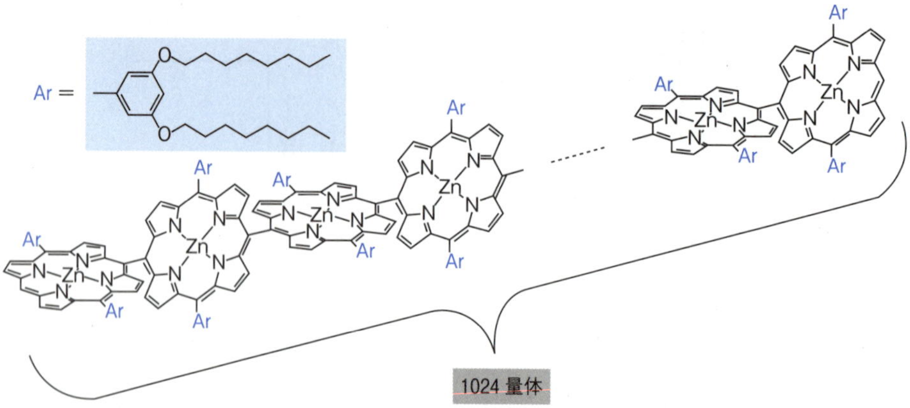

図 8・2　**分子ワイヤー．** N. Aratani, A. Takagi, Y. Yanagawa, T. Matsumoto, T. Kawai, Z. S. Yoon, D. Kim, A. Osuka, *Chem. Eur. J.*, **11**, 3389(2005) をもとに作成．

隣合ったポルフィリンは立体障害のために直交している．そのために，共役系は一つのポルフィリン環内に限られるので，電子を流すワイヤーとしては働かない．その代わり，励起状態がポルフィリン環の間を伝達するエネルギー移動ワイヤーとして働く．

エネルギー移動については 3 章参照．

ここでは，ポルフィリン (P) をつぎつぎにエネルギーが伝わっていくと考えられる．

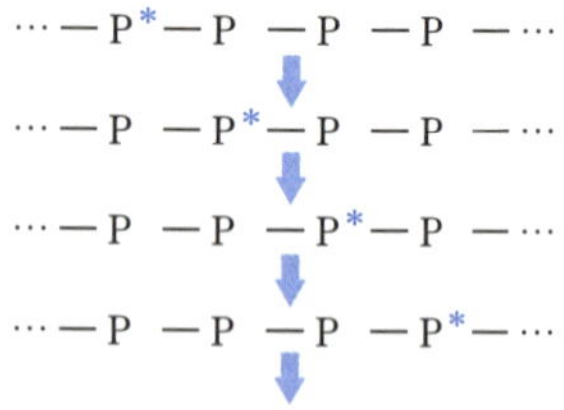

分子ワイヤーのスイッチ

図 8・3 に示した分子は，光によって電子の通路がつながったり切れたりする分子スイッチである．分子の中心にあるのは，フォトクロミック分子のジアリールエテン (3 章) で，反応式の左の状態では中心付近の二つのメチル基の立体障害のため分子が少しねじれていて，水色で示したように，分子の左側の共役系と右側の共役系に分かれている．いわば，分子ワイヤーが途中で切れているスイッチオフの状態である．

この状態の分子に紫外線を照射すると，光異性化を起こし反応式の右の構造になる．この構造では，中心に 1 本新しい結合ができており，分子全体が平面に近くなるために，共役系も分子全体に広がる．つまり，分子ワイヤーがつながったスイッチオンの状態である．今度は可視光を照射するとまた反応式の左の状態に戻る．

この変化に伴って，分子の物理的特性も変化する．オフ状態が紫外線を

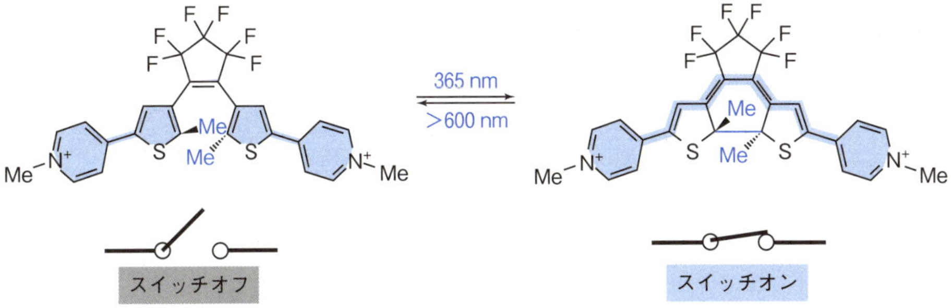

図 8・3　**分子ワイヤーのスイッチ.** S. L Gilat, S. H. Kawai, J. -M. Lehn, *J. Chem. Soc. Chem. Commun.*, **1993**, 1439 をもとに作成.

吸収するのに対して，オン状態は可視光まで吸収する．また，酸化還元電位も変化し，オン状態のほうが還元されやすくなる．

励起エネルギーの分子スイッチ

図 8・4 の分子は，クマリンとルテニウム（Ru）錯体とオスミウム（Os）錯体を連結した分子である．励起エネルギーの大きさが，クマリン＞ルテニウム錯体＞オスミウム錯体の順なので，光照射によって，クマリンを励起すると，クマリン → ルテニウム錯体 → オスミウム錯体という順にエネルギー移動が起こるはずであるが，実際は最後の段階のルテニウム錯体 → オスミウム錯体のエネルギー移動が起こらない．

その理由は，ルテニウム錯体とオスミウム錯体の間にアゾ基 −N＝N− を含むためで，ここが実はスイッチになっている．アゾ基は電子受容性が高いので，ルテニウム錯体の励起状態が生成したときに，励起電子を速やかに受取ってしまう．

そこで，外部の電極からアゾ基をあらかじめ還元しておいた状態（電子を入れておく）にしておく．それから光照射をすると，アゾ基にはすでに電子が入っており，励起電子が捕らえられることがなくなるので，通常予想されるように，ルテニウム錯体 → オスミウム錯体のエネルギー移動が起こる．エネルギー移動が起こったことは，オスミウム錯体からの発光が検出されることでわかる．

つまりこの分子は，分子内のエネルギーの伝達を電子の出し入れによっ

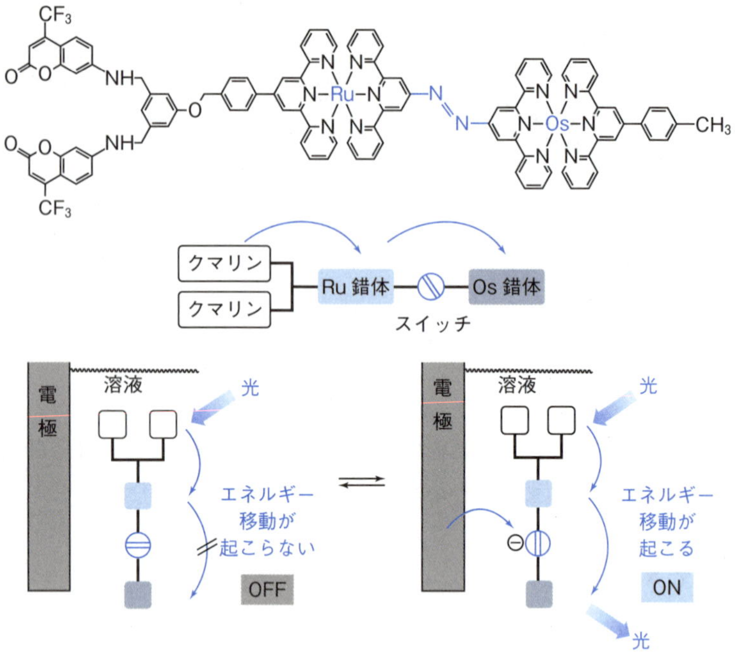

図8・4　エネルギー移動の分子スイッチ．溶液中の分子に電極から電子を注入するとオン状態になる．T. Akasaka, T. Mutai, J. Otsuki, K. Araki, *Dalton Trans*., **2003**, 1537 をもとに作成．

てオン/オフする分子スイッチとして働いている．

2. 人工光合成

天然の光合成を見習って，**人工光合成**（artificial photosynthesis）システムをつくり出すことは化学者の夢の一つである．人工光合成系をつくるというゴールに向かった試みとして，これまでにもさまざまな，光誘起電子移動をする人工分子や人工超分子が合成されている．ここでは，その中でも完成度の高い例を一つだけ紹介しよう．

人工細胞型人工光合成

図8・5に示したのはカロテノイド（C），ポルフィリン（P），キノン（Q）を連結した分子である．ここでは化合物 CPQ とよぶことにしよう．ポル

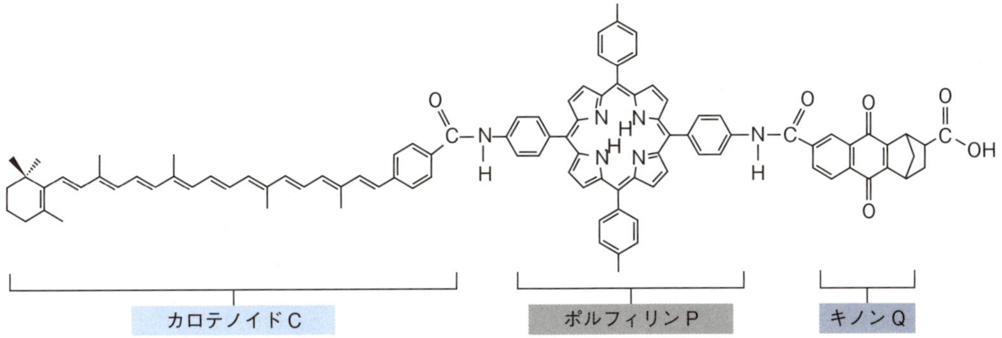

図8・5　**ドナー–光増感部位–アクセプター連結分子，CPQ.** G. Steinberg-Yfrach, P. A. Liddell, S. -C. Hung, A. L. Moore, D. Gust, T. A. Moore, *Nature*, **385**, 239(1997) をもとに作成.

フィリンが光を吸収して励起状態になると，そこから励起電子がキノンに移動し，$C-P^{\bullet+}-Q^{\bullet-}$が生成し，その後，カロテノイドからポルフィリンに電子が補充され，$C^{\bullet+}-P-Q^{\bullet-}$という**電荷分離状態**（charge-separated state）が生成する.

この分子は，リン脂質からできたリポソームに導入され，光照射によってリポソームの外側から内側にプロトンが輸送されるシステムがつくられた（図8・6）. ここでは，その仕組みを見てみよう.

まず，リポソームが作製され，その溶液に化合物CPQが添加される. CPQのカロテノイドの側は疎水性なので膜に入りやすいが，キノンの側には極性のカルボキシ基があるため膜の中には入りにくい. したがって，カロテノイドが内側になり，キノンが外側の膜表面に残る. そして，膜内を自由に動き回る小さなキノン分子Q_Sも同時にリポソーム膜に導入されている.

このリポソームに光が照射されると，ポルフィリンが光を吸収して励起され，電荷分離状態$C^{\bullet+}-P-Q^{\bullet-}$が形成される（プロセス**1**）. たまたま膜の外側近くにいたQ_Sは$C^{\bullet+}-P-Q^{\bullet-}$のキノンから電子を受取る（プロセス**2**）. 電子を受取った$Q_S^{\bullet-}$はプロトンとの親和性が大きく，膜の外側の水相からプロトンを受取って，$Q_S^{\bullet}H$になる（プロセス**3**）.

$Q_S^{\bullet}H$は膜内を自由に拡散するが，たまたま内側の水相近くに移動したときに（プロセス**4**），$C^{\bullet+}-P-Q$のカロテノイドに電子をわたす（プロ

$C^{\bullet+}-P-Q^{\bullet-}$などの“•”は，不対電子を表す.

光誘起電子移動系で，光を吸収する部位を**光増感部位**（photosensitizer）という.

ポイント!

天然の光合成は二分子膜で行われているので，人工系でも二分子膜を利用することが重要な課題となる.

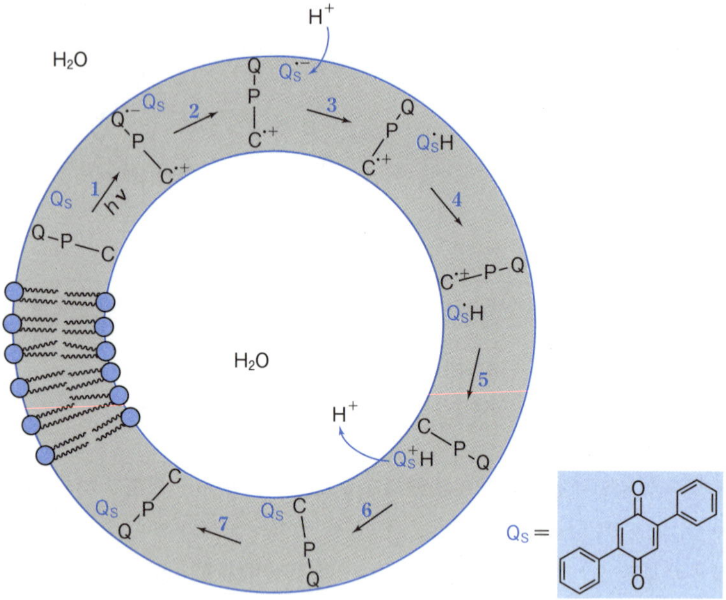

図 8・6　**人工光合成．** G. Steinberg-Yfrach, P. A. Liddell, S. -C. Hung, A. L. Moore, D. Gust, T. A. Moore, *Nature*, **385**, 239(1997) をもとに作成．

セス **5**)．電子をわたした $Q_S{}^{+}H$ はプロトンとの親和性が小さくなり，プロトンを内側の水相に放出し，Q_Sに戻る（プロセス **6**)．Q_Sは自由に膜内を拡散するので，再び外側の水相近くに移動して，このサイクルを繰返す．

結果的に，光照射によって膜外のプロトンが膜内に輸送されて，膜内外でプロトン濃度の差（つまり pH 差）を生じる．つまり 6 章で述べた，光合成細菌と同じことが人工系で達成されている．ただし，効率（輸送されたプロトン数 / 吸収した光子数）は 0.004 であって，光合成細菌の 2 という値に比べるとまだまだ低い．

光合成細菌は生成したプロトン濃度勾配をエネルギー源として，ATP アーゼを使って ATP を合成するが，この CPQ 入りのリポソームにも ATP アーゼが組込まれて，実際に ATP が合成されることが証明されている．

3. 分子マシン

上で述べた分子による光や電子のプロセスと並んで，分子で達成できれば画期的な技術革新をもたらす可能性があるのが，分子の機械，つまり**分子マシン**（molecular machine）である．ここでは，分子マシンの実現をめざした研究の過程でつくられている，形が変わったり，動いたりする分子について見てみよう．

日常で見られるさまざまな機械と比較しながら，分子マシンがどのようなものであるかを楽しんで見てみよう．

光応答性ホスト分子

図8・7に示したのは，光で開いたり閉じたりする“ピンセット”のような光応答性ホスト分子である．両端にあるのはイオンを認識するクラウンエーテルであり，二つのクラウンエーテルをつないでいるのが，フォトクロミック分子のアゾベンゼンである．図を見てわかるように，トランス体では二つのクラウンエーテルが遠く離れているが，シス体では互いに向かい合う位置にくる．

クラウンエーテルについては4章，アゾベンゼンについては3章を参照．

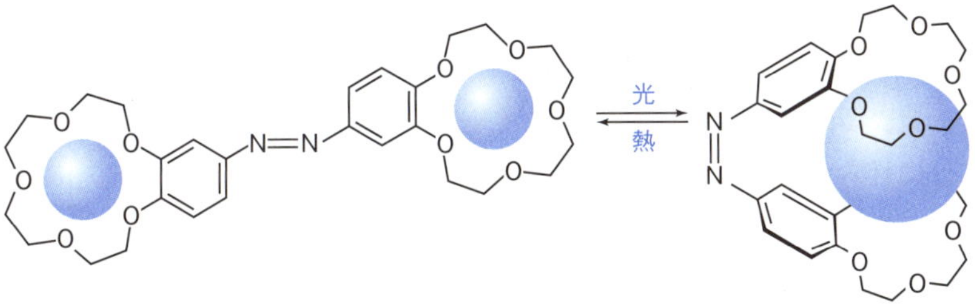

トランス体　　　シス体

図8・7　**光応答性ホスト分子.** S. Shinkai, T. Nakaji, T. Ogawa, K. Shigematsu, O. Manabe, *J. Am. Chem. Soc.*, **103**, 111 (1981) をもとに作成.

このサイズのクラウンエーテル，15-クラウン-5はNa^+イオンに最も適合する穴のサイズをもっている．実際，この分子のトランス体はアルカリ金属Na^+, K^+, Rb^+, Cs^+のうちで，Na^+と最もよく結合する．ところが，光照射してシス体にすると，今度は，Na^+とはあまり結合しない代わりに，より大きなRb^+と最もよく結合するようになる．図にあるように，大きなRb^+を2枚のクラウン環ではさみこんで安定な錯体を形成する．

ナノカー

図8·8に示したのは，フラーレンを四つもつ分子である．二つのフラーレンはオリゴフェニレンアセチレンで結合されてダンベルのような構造となり，さらに二つのダンベルが，またオリゴフェニレンアセチレンで結合されている．フェニレンアセチレンは，直線的に伸びていて曲がりにくいが，結合は回転できるので，四つのフラーレンは図中に示した曲がった矢印のように回転することができる．

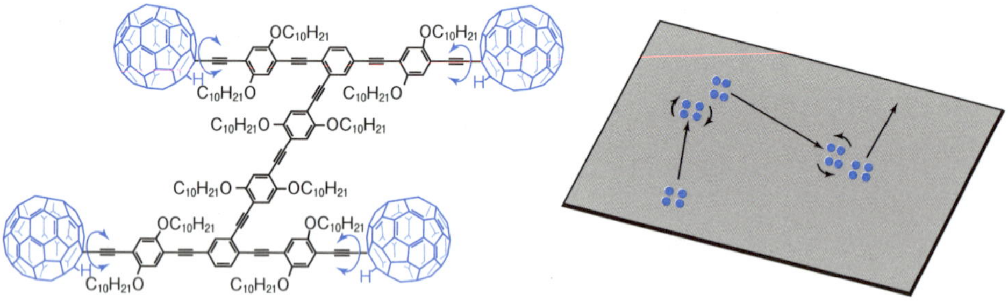

図8·8 **ナノカーとその動き**. Y. Shirai, A. J. Osgood, Y. Zhao, K. F. Kelly, J. M. Tour, *Nano Lett.*, **5**, 2330(2005) をもとに作成.

金表面に吸着したこの分子は，走査トンネル顕微鏡ではフラーレンの部分に対応する四つのスポットの組として観察される．四つのスポットは分子の形を反映して長方形に位置している．室温では，分子と金の吸着力が強いために分子はじっとしているが，温度を200℃くらいに上げていくと，四つのスポットの組が動くのが観察される．面白いのは，スポットはランダムに動くのではなくて，2通りの動き方だけをすることである．一つは，場所は動かずに四つのスポットの真ん中を中心とした回転運動で，もう一つは，四つのスポットの長方形の長いほうの辺に垂直な並進運動である．

この二つの動きは，分子が表面上を滑るのではなく，フラーレンが軸を中心に，タイヤのように回転して分子が動くことを示している．すべてのフラーレンが同じ方向に回ったら並進運動になり，半分ずつ逆に回ったら回転運動になる．

分子シャトル

図8·9に示したロタキサンは，二つの駅の間を行ったり来たりするシャトルのような働きをする分子である．クラウンエーテルがシャトルで，レールに相当する軸の途中に第二級アミノ基とビピリジニウムがあり，これらが駅である．レールの両末端にはかさ高い，3,5-ジ(*t*-ブチル)フェニル基が付いていて，クラウンエーテルが抜け落ちないようになっている．

ロタキサンについては4章参照．

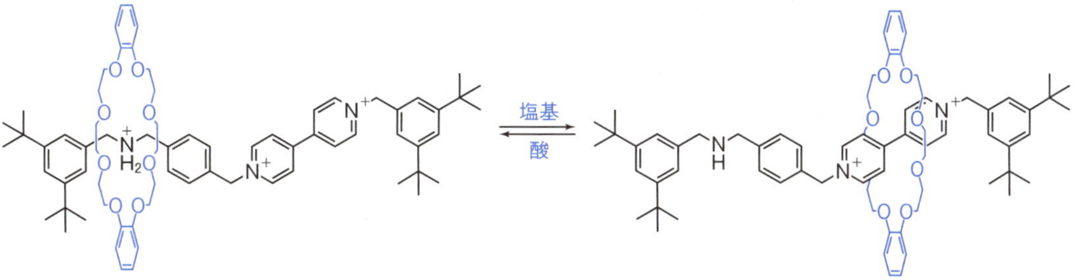

図8·9　**分子シャトル．** P. R. Ashton, R. Ballardini, V. Balzani, I. Baxter, A. Credi, M. C. T. Fyfe, M. T. Gandolfi, M. Gómez-López, M. -V. Martínez-Díaz, A. Piersanti, N. Spencer, J. F. Stoddart, M. Venturi, A. J. P. White, D. J. Williams, *J. Am. Chem. Soc.*, **120**, 11932(1998) をもとに作成.

酸性条件では，第二級アミンがプロトン化してアンモニウム塩になる．この状態では，NH…O の水素結合がよく働き，クラウンエーテルはこの場所にいる．ところが，塩基性にするとプロトンがはずれて中性の第二級アミンになる．この状態では，第二級アミンとクラウンエーテルの相互作用は弱くなり，クラウンエーテル上のジアルコキシベンゼン部分（ドナー）とレール上のビピリジニウム塩（アクセプター）のドナー・アクセプター相互作用が優先して，シャトルはビピリジニウム塩の側に移動する．

ダブルデッカー錯体のアロステリズム

6章でヘモグロビンのアロステリズムについて見た．ヘモグロビンはきわめて複雑な構造をしたタンパク質であるが，比較的簡単な人工分子でもアロステリズムは実現されている．

図8·10に示したのは“ダブルデッカー錯体”とよばれている，ポルフィリン環に希土類イオンなどの大きな金属イオンがサンドイッチされた構造

ダブルデッカー（double decker）は2階建て車両のことをいう．

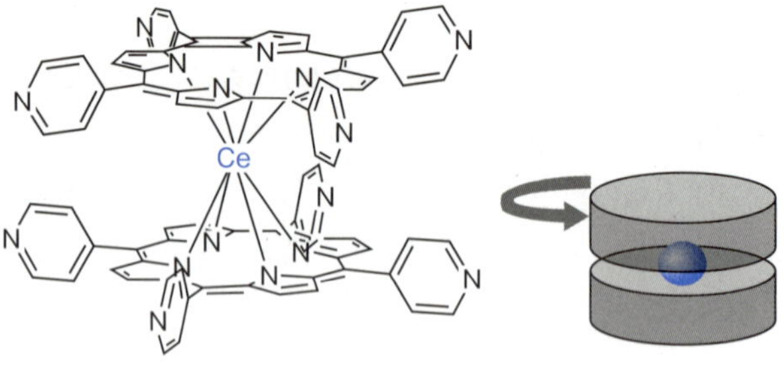

図 8・10　ダブルデッカー錯体

をした分子である．ダブルデッカー錯体は，中心金属がボールベアリングのボールのような働きをして上下の環が互いに回転することが知られている．

図 8・10 のダブルデッカー錯体のポルフィリン環はピリジル基を周囲に四つずつもっている．ピリジル基は水素結合アクセプターなので水素結合ドナーと水素結合できる．カルボキシ基を適当な距離に二つもつジカルボン酸とは上環のピリジンと下環のピリジンを架橋するように水素結合すると予想される（図 8・11）．しかし，上下の環が回っているせいか，最初のジカルボン酸との結合はとても弱い．ところが，いったんジカルボン酸が一つ結合してしまえば，分子の対称性から，残りの三箇所の上下環のピリ

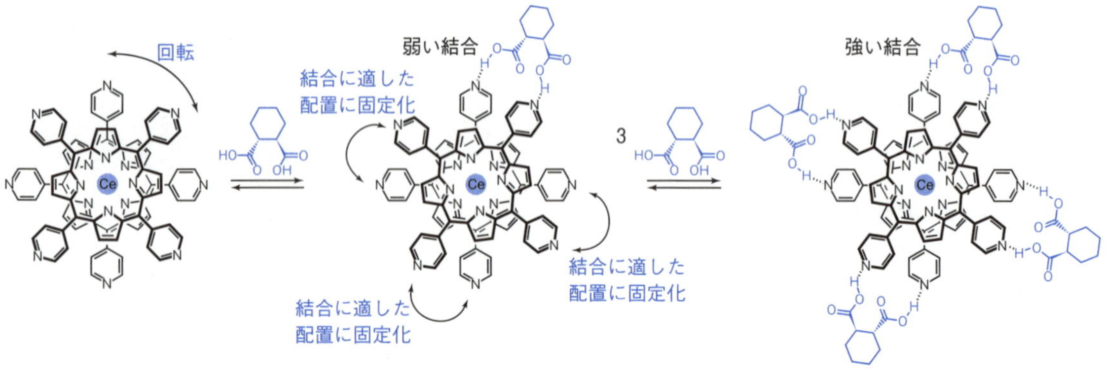

図 8・11　ダブルデッカー錯体のアロステリズム．M. Takeuchi, T. Imada, S. Shinkai, *Angew. Chem. Int. Ed.*, **37**, 2096 (1998) をもとに作成．

ジンのペアは，自然に同じジカルボン酸との結合に最も適した配置になる．そのため，二つ目以降のジカルボン酸は強く結合する．

このダブルデッカー錯体は，簡単な分子でも生体高分子のタンパク質が行っている精巧な機能を再現できることを示している．

一方向だけに回転する分子ローター

分子回転子が一方向だけに回転すれば，そこから有用な仕事を取出すことができるだろう．マクロな機械だとラチェットを使えば，逆方向に回転できないようにできる．

ラチェットとは，一方向だけの回転を可能にする非対称な歯をもつ歯車とつめの組合わせでできた装置である．

右には回るが，左には回れない．

分子の形をラチェットのように非対称にすると，分子の熱運動あるいはブラウン運動から一方向の回転が取出せるように思えるかもしれないが，熱力学の第2法則からそのようなことはできないことになっている．ただし，適当な仕組みがあれば外部からエネルギーを与えることによって，一方向の回転を実現できる．

図8・12に示した分子は，光エネルギーを利用して1方向の回転を実現した例である．この分子は中心に二重結合をもち，シス体とトランス体が可能な構造をしている．ただし，大きな置換基が付いているので平面構造はとれず，どの構造のときにもかなりねじれた構造をしている．図中のPとMはねじれ方を表す記号で，互いにねじれ方が反対であることを示している．

シス（*cis*），トランス（*trans*）異性体については，2章参照．

P–トランスに低温状態で波長300 nm付近の光を照射すると，トランス体がシス体に異性化する．このとき二重結合の回転の方向には二通りの可能性があるが，立体障害のために，メチル基とナフチル基が交差しないですむように図に示した方向にしか回転せず，M–シスが生成する．

立体障害とは，置換基が立体的にぶつかってしまうことである．

ここで温度を20 ℃まで上昇させるとナフチル基のねじれが入れ替わって，より安定なP–シスが生成する．ここでは光を照射していないのでシス体⇄トランス体の異性化は起こらない．つぎに再び300 nm付近の光を照射すると異性化が進行し，M–トランスが生成する．この光反応ではナフチルが交差する方向の回転は起こらない．ここで温度を今度は60 ℃に上げると，ナフチル基とメチル基が入れ替わってより安定なP–トランスに戻る．

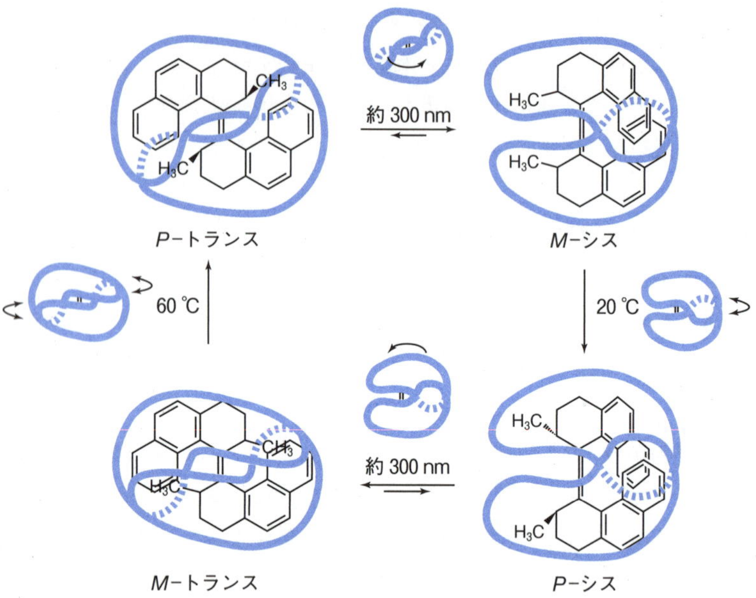

図 8・12　**一方向にだけ回転する分子.** N. Koumura, R. W. J. Zijlstra, R. A. van Delden, N. Harada, B. L. Feringa, *Nature*, **401**, 152 (1999) をもとに作成.

分子ブレーキ

図 8・13 に示した分子は，ブレーキ機能をもっている．3 枚の羽に相当する構造をトリプチセンというが，単結合でビピリジンと結合されていて，この結合を軸として回転する．ビピリジンのピリジン環を結んでいる単結合は回りやすいので（①），トリプチセンが回転すると B 環はパタパタと

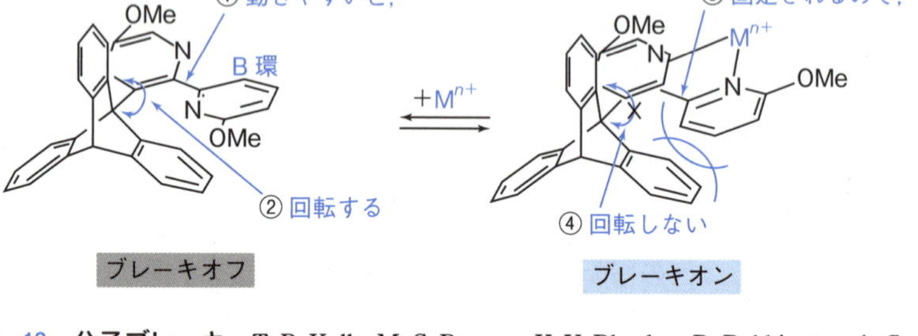

図 8・13　**分子ブレーキ.** T. R. Kelly, M. C. Bowyer, K. V. Bhaskar, D. Bebbington, A. Garcia, F. Lang, M. H. Kim, M. P. Jette, *J. Am. Chem. Soc.*, **116**, 3657 (1994) をもとに作成.

はじかれて，トリプチセンの回転は止まらない（②）．つまり，この状態ではブレーキはかかっていない．

金属イオンを加えると，ビピリジンが金属イオンに配位し，ビピリジンは強制的に平面構造をとらされることになる（③）．このため，トリプチセンの間に入ったB環は，もはや動くことはできず，トリプチセンの回転を止める（④）．つまり，ブレーキがかかった状態になる．

分子バネ

図8・14に示した分子は，伸びたり縮んだりするバネのような分子である．この分子は，ピリジン環（C_5Nの環）とピリミジン環（C_4N_2の環）がつながってできている．

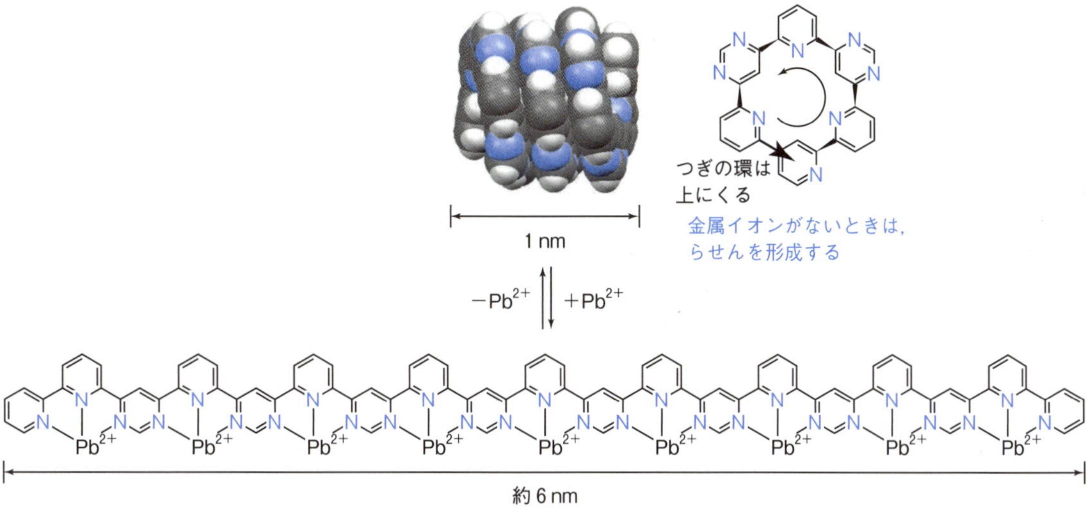

図8・14　**分子バネ．** M. Barboiu, J.-M. Lehn, *Proc. Natl. Acad. Sci. U. S. A.*, **99**, 5201（2002）をもとに作成．

ピリジン環が二つつながったビピリジン環は，前項で見たように，中央の単結合のまわりに回転できるが，両側の窒素が同じ側を向くと水素どうしの立体障害が生じてしまうので（図8・15aの左），窒素が反対側を向いたコンホメーションをとりやすい（図8・15aの中央）．ところが，金属イオンがあると両方の窒素原子で金属イオンに配位するので，強制的に両側

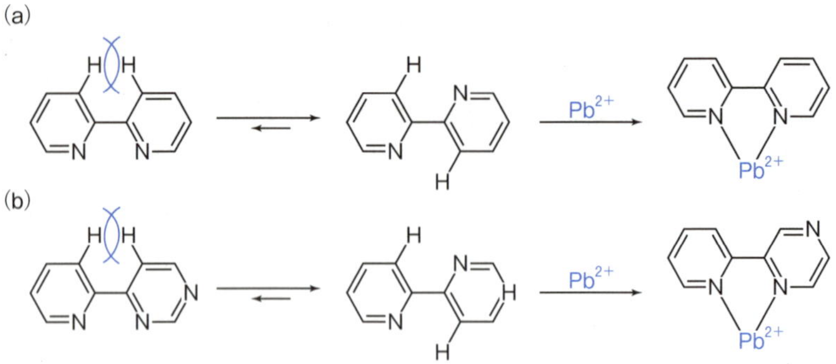

図 8・15　ビピリジン(a) とピリジルピリミジン(b) のコンホメーション

の窒素が同じ側を向かされる（図 8・15a の右）．ピリジルピリミジンでも同じことがいえる（図 8・15b）．

金属イオンがないときの状況として，図 8・14 の分子を端の環から順番に窒素が反対側を向くように描いていくと，ぐるっと巻いてくることがわかる．環が七つ目になったときに，一つ目の環と同じ場所にきてしまうので，少しずれてスタックすることになる．これがずっと続いて，らせん構造になる．

一方，金属イオンが存在するときの状況として，端の環から順番に窒素が同じ側を向くように描いていくと，直線状にどんどん伸びていくことがわかる．

この分子は，金属イオンの有無によって，バネが伸び切ったような，長さ 6 nm にもなる直線構造と，バネが縮んだようならせん構造とを行き来する．つまり，金属イオンによって伸び縮みが制御できる分子バネになる．

索　引

あ

い，う

え，お

か

き，く

け，こ

さ

し

す

せ，そ

た

ち，つ

て，と

な　行

は

ま　行

や　行

ら　行

わ

齋藤勝裕（さいとう かつひろ）

1945年 新潟県に生まれる
1969年 東北大学理学部 卒
1974年 東北大学大学院理学研究科博士課程 修了
現 名古屋市立大学 特任教授
名古屋工業大学名誉教授
専攻 有機物理化学，超分子化学
理学博士

大月穣（おおつき じょう）

1963年 岡山県に生まれる
1986年 東京大学工学部 卒
1991年 東京大学大学院工学系研究科博士課程 修了
現 日本大学理工学部 准教授
専攻 超分子化学，分子機能化学
工学博士

第1版 第1刷 2009年11月25日 発行

わかる有機化学シリーズ 2
有機機能化学

© 2009

著者 齋藤勝裕
大月穣

発行者 小澤美奈子

発行 株式会社 東京化学同人
東京都文京区千石3丁目36-7（〒112-0011）
電話 03-3946-5311・FAX 03-3946-5316
URL：http://www.tkd-pbl.com/

印刷 日本フィニッシュ株式会社
製本 株式会社 松岳社

ISBN978-4-8079-1489-0
Printed in Japan

わかる有機化学シリーズ

1	有 機 構 造 化 学	齋 藤 勝 裕 著
2	有 機 機 能 化 学	齋藤勝裕・大 月 穣 著
3	有機スペクトル解析	齋 藤 勝 裕 著
4	有 機 合 成 化 学	齋藤勝裕・宮本美子 著
5	有 機 立 体 化 学	齋藤勝裕・奥山恵美 著